머리말
Preface

"자동차를 몰기만 하면 되지 '구조'는 알아서 뭐해!?"

하지만 자동차란 사람의 손으로 2만 개 넘는 부품을 퍼즐처럼 짜 맞춘 전기·전자·기계들로 구성된 무생물일 뿐입니다. 극단적 사례이지만 '자동차 화재' 발생 원인 역시 결국 인재이니까요.

모든 자동차는 고장이 난다는 것입니다. 비록 기계치라도 나의 애마가 어디가 아픈지를 사전에 추적할 수 있는 지혜는 자동차 세상의 범용적 상식이니까요.

그렇다면 자동차는 어떤 원리에 의해 움직이는 것일까요? 이 책은 보디·엔진·구동 시스템 등 메인 부분에서부터 제어 계통·내장에 이르기까지 자동차의 온갖 기구나 파트 등을 당신과 함께 살펴보려 합니다. 일반인들도 쉽게 알 수 있도록 일러스트와 사진이 곁들여져 있으며, 현재뿐 아니라 미래의 기술도 엿볼 수 있습니다.

친근하지만 낯설기도 한 자동차, 잠시 시동을 끄고 안팎을 들여다봅시다. 아는 만큼 보입니다. 보이면 온전히 당신의 것이 됩니다. 내 차의 달인이 되는 지름길, 골든벨이 함께 합니다.

2018.9

차례

PART 1

자동차 이해하기

1. 진화하는 자동차   8
2. 자동차 승용차의 분류   10
3. 자동차의 구성 부품   14

4. 자동차의 구동 방식   16
5. 자동차의 동력원   24

PART 2

자동차의 엔진

1. 엔진의 구성   28
2. 엔진의 작동 방식   30
3. 밸브 시스템   34
4. 가솔린 연료 분사 장치   42
5. 냉각 장치   44
6. 윤활 장치   46

7. 흡기 장치   50
8. 배기 장치   51
9. 과급기   52
10. 시동 장치   54
11. 점화 장치   56
12. 축전지   59
13. 충전 장치   60

PART 3

동력 전달 장치

1. 클러치   64
2. 수동 변속기   68
3. 자동 변속기   70
4. CVT   74
5. DCT   77
6. 종감속 기어와 차동 기어   80
7. 휠   83
8. 타이어   86

PART 4

서스펜션, 조향, 브레이크 장치

1. 섀시의 구조   90
2. 프런트 서스펜션   92
3. 리어 서스펜션   96
4. 조향 장치   98
5. 브레이크 장치   102
6. 파킹 브레이크   107

PART 5

보디, 실내, 안전, 편의 장치

1. 차체의 구조   110
2. 도어와 범퍼   112
3. 윈도 글라스   114
4. 루프   115

PART 6

환경을 배려한 자동차

1. 전기 자동차   148
2. 모터의 특성   151
3. 하이브리드 자동차 시스템   154
4. 하이브리드 자동차의 종류   156
5. 하이브리드 자동차의 주행   160
6. 플러그 인 하이브리드   162
7. 연료 전지 자동차(FCV)   164
8. 연료·니켈수소·리튬이온 전지   166
9. 수소 엔진 자동차   170
10. 친환경 자동차의 과제   172

PART 7

자동차의 미래 우리의 생활

1. 수소 에너지   176
2. 자율주행 자동차   178
3. 텔레매틱스   181
4. 운전하는 즐거움   183

자동차
이해하기

우리들은 출·퇴근이나 통학, 여행 시
승용차나 대중교통인 버스, 택시 등을 이용하고,
물류에서는 트럭을 사용하며,
긴급 상황에서 구급차나 소방차를 사용하는 등
자동차와 떼려야 뗄 수 없는 존재다.

제1장에서는 자동차가 탄생한 이후
어떻게 진화해 왔는지,
또한 자동차는 어떤 부품들로 구성되어
있는지 등을 다양한 시점에서 살펴보겠다.

1 진화하는 자동차

18세기 중엽에 탄생한 자동차는 현재까지도 비약적인 진화를 거듭해오고 있다.

자동차의 탄생

자동차가 마차를 대체한 이후로 바퀴를 사용한다는 사실에는 변화가 없지만, 형상이나 동력원에 있어서는 커다란 진화를 이루어왔다.

세계 최초로 등장한 자동차는 1769년 프랑스에서 제작된, 증기 기관으로 움직이는 **증기 자동차**였다. 그로부터 100년 이상 지난 1880년대 초에 독일의 다임러 벤츠가 거의 비슷한 시기에 세계 최초의 **가솔린 엔진 자동차**를 완성시켰다.

1913년에 미국의 포드는 컨베이어 벨트를 사용한 대량 생산 시스템을 개발해 자동차 가격을 낮추기에 이르고, 그 후 자동차는 전 세계로 급속하게 퍼져나갔다. 이 대량 생산 시스템을 토대로 자동차의 「주행·선회·정지」 기본 성능 나아가 쾌적성까지 비약적으로 향상되었다.

2010년 시점에서 전 세계에는 약 10억 대 이상의 자동차가 보급되기에 이르렀다.

자동차는 교통 편리성을 확대해 나가면서 우리 일상과 떼려야 뗄 수 없는 이동 수단이 되었다.

계속되는 진화

전기 자동차는 자동차 역사상 비교적 일찍부터 존재했지만 최종적으로는 가솔린 엔진 자동차나 디젤엔진 자동차로 집약되어 왔다.

20세기 후반, 가솔린 자원에 대한 고갈이 경고되면서 가솔린이나 경유 가격이 치솟았다. 또한 대기오염이나 CO_2 배출에 따른 지구온난화까지 문제가 되면서 20세기 말에는 깨끗하고 연비가 좋은 자동차 개발이 시작되었다.

21세기에 들어오자 에너지 관점에서도 더 한

▲ 1769년 프랑스에서 제작된 증기 자동차 「퀴뇨의 대포」 대포를 끌기 위해 만들어졌다.

▲ 1886년, 벤츠 파텐트 모터바겐 [독일 가솔린 엔진]

▲ 1997년, 도요타의 최초 하이브리드 자동차 프리우스

▲ 1909년. 미국 포드가 대량 생산한 포드 모델 T

▲ 2013년. BMW 전기자동차 i3

▲ 1960~70년대, 미국의 스포티한 포드 머스탱

층 지구환경에 친화적인 자동차가 요구되면서 전기 자동차나 **하이브리드 자동차**, **연료전지 자동차**에 대해 주목하기 시작하였다.

또한 스마트 시티나 스마트 홈 같이 IT화된 사회 속에서의 자동차라는 존재 방식을 모색하기도 한다.

엔진과 전기 자동차

20세기 초, 발명가 토머스 에디슨은 전기 자동차를 개발하고 있었다. 전지 개량에 착수한 에디슨은 전극에 철과 니켈을 사용한 「에디슨 전지」를 이용해 전기 자동차 3대를 설계하게 된다. 1910년에는 프로모션 활동 차원에서 반복적으로 충전하면서 뉴욕에서 뉴햄프셔까지 주파하기도 했다.

▲ 토머스 에디슨과 그가 설계한 전기 자동차

자동차 승용차의 분류

승용차는 보디 스타일과 구동 방식 등 다양한 분류 방법이 있다.

1 박스에 의한 분류

▲ 다마스

▲ 투싼

▲ 아슬란

1 박스 카 box car

보디 전체가 하나의 상자 형태를 하고 있는 승용차 모양을 1박스 카라고 부른다. 엔진 룸은 운전석 아래에 위치해 있으며 차량 실내와 일체화되어 있다. 차량 내 공간을 넓게 확보할 수 있기 때문에 짐을 많이 싣는 상용차에 주로 사용된다.

2 박스 카

엔진 룸과 차량 실내가 분리되어 있는 스타일. 보디가 상자 2개로 구성된 듯이 보이기 때문에 2 박스 카라고 한다. 정면충돌시의 안전성이 높고 짐을 싣는 공간도 넓다. 1박스 카와 3박스 카의 장점을 합쳐놓은 스타일이다.

3 박스 카

엔진 룸, 차량 실내, 트렁크 룸이 각각 독립되어 있는 스타일. 옆에서 보면 상자 3개가 나란히 이어진 것처럼 보이므로 3 박스 카라고 한다. 승용차의 가장 기본적인 형태로서 충돌할 때는 엔진 룸이나 트렁크 룸이 충격을 흡수하기 때문에 안전성이 비교적 높다.

② 프런트와 백에 의한 분류

▲ K9

롱 노즈 long nose

엔진 룸이 위치한 보닛 부분을 별도로 노즈라고 한다. 노즈가 긴 디자인이 롱 노즈이다. 강력한 엔진을 세로로 배치하는 고급차나 스포츠카에 롱 노즈가 많다.

숏 노즈 short nose

노즈가 짧은 디자인을 숏 노즈라고 한다. 운전자의 시야가 넓으며 좁은 반경으로 회전할 수 있는 이점이 있어 운전이 쉽다. 엔진을 가로로 배치하는 등 엔진 룸을 작게 배치하려는 연구가 적용되어 있다.

▲ 뉴프라이드 4도어

백 back 모습

▲ 아반떼

노치 백 notch back

차량 실내와 트렁크 룸이 명확하게 구분되어 있어 옆에서 봐도 트렁크 룸의 위치를 바로 알 수 있는 디자인을 노치 백이라고 한다. 3박스 차량은 그 정의상 모두 노치 백이라고 할 수 있다.

패스트 백 fast back

노치 백에 비해 차량 실내와 트렁크 룸이 하나로 된 디자인을 패스트 백이라고 한다. 패스트 백 자동차는 지붕(루프)에서 뒷부분까지의 윤곽선이 완만한 경사를 이룬다.

▲ 아이오닉 하이브리드

③ 보디 스타일에 따른 분류

세단 sedan

승용차의 기본형이라 할 수 있는 3박스 카. 일반적인 차량부터 고급 리무진까지 폭넓게 사용하고 있다.

그랜저

제네시스 쿠페

쿠페 coupe

주행 성능의 쾌감을 추구한 스포티한 스타일. 세단보다 차고가 낮고, 2도어인 것이 많다.

뉴프라이드 5도어

해치백 hatch back

차체 뒷부분에 상향식 도어가 달린 소형 2박스 카. 소형차의 주류를 이루고 있다.

i40

스테이션 왜건 station wagon

세단을 베이스로 하면서 트렁크 룸과 차량 실내를 일체화해 적재능력을 높인 2박스 카.

쉐보레 콜로라도

픽업 pickup

차량 실내 앞쪽에 독립된 엔진룸을 갖고 있으며, 차량 실내 후방에 적재공간을 갖춘 트럭의 일종이다.

스포티지

SUV Sports Utility Vehicle

오프로드를 주행할 수 있는 튼튼함과 쾌적함을 겸비한 승용차. 픽업에서 발전해 탄생한 형식이다.

카니발

다마스

미니밴 minivan

2박스 카의 일종. 3열 시트와 짐칸이 있으며, 차량 내 공간이 넓은 패밀리 형 스타일이다.

캡 오버 cap over

엔진 룸 위에 차량 실내(캡)가 배치된 형식. 1박스 차량의 거의 동의어이다.

벤츠
카브리올레

마쯔다
CX-7

오픈카 open car

개폐식 혹은 탈착식 덮개로 지붕을 열고 닫는 형식. 컨버터블convertible 또는 카브리올레cabriolet라고도 한다.

크로스오버 crossover

SUV, 스테이션 왜건 등의 장점을 모아놓은 형식. SUV보다 가볍고 경제적이다.

스포츠카의 정의

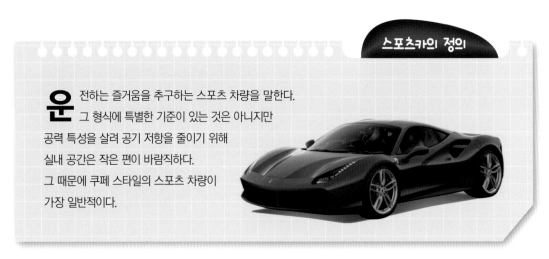

운전하는 즐거움을 추구하는 스포츠 차량을 말한다. 그 형식에 특별한 기준이 있는 것은 아니지만 공력 특성을 살려 공기 저항을 줄이기 위해 실내 공간은 작은 편이 바람직하다. 그 때문에 쿠페 스타일의 스포츠 차량이 가장 일반적이다.

3 자동차의 구성 부품

자동차를 구성하는 부품 수는 2만~3만개나 될 정도로 많은 종류가 사용된다.

① 자동차를 구성하는 부품

자동차(가솔린 엔진)의 동력은 엔진이다. 엔진에서 발생한 회전 동력을 구동축을 통해 타이어로 전달함으로써 자동차는 달리게 된다. 동력을 전달하는 **구동 시스템**과 서스펜션이나 타이어 등을 총칭해서 **섀시**라고 하는데 섀시는 **보디**에 조립된다.

그 밖에 보디에는 운전 조작 계통과 탑승객이 안전하고 쾌적하게 주행할 수 있게 해 주는 시트 등의 **의장품**이 장착되어 있다. 여기에선 전형적인 FR방식의 자동차를 예로 들어 자동차를 구성하는 주요 부품을 소개하겠다.

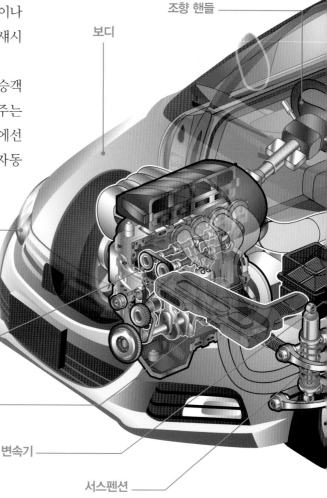

도어

조향 핸들

보디

램프

엔진

흡기 장치

변속기

서스펜션

② 동력의 전달과 바퀴의 움직임

　　FR방식에서의 자동차 동력은 앞쪽에 위치한 엔진에서 시작하여 변속기 ▶ 프로펠러 샤프트 ▶ 디퍼렌셜 기어 ▶ 구동축 등을 거쳐 뒤쪽의 좌우 타이어로 전달된다. 또한 엔진의 배기는 배기 파이프를 지나 리어 머플러를 통해 배출된다.

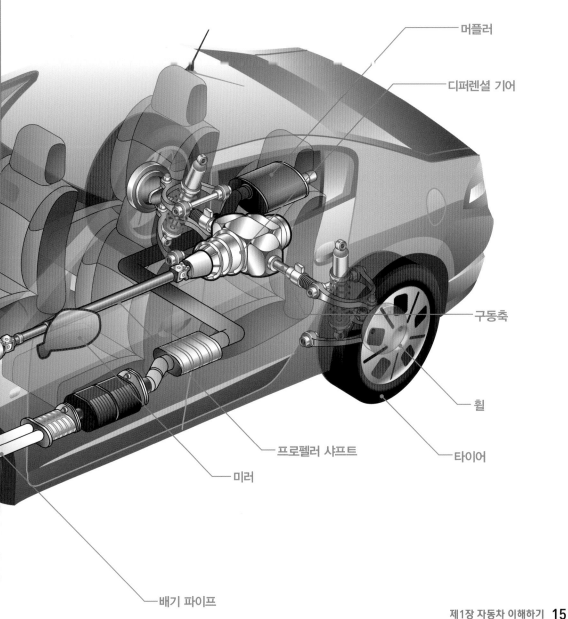

시트

머플러

디퍼렌셜 기어

구동축

휠

프로펠러 샤프트

타이어

미러

배기 파이프

자동차의 구동 방식

엔진의 동력을 타이어에 전달하는 방식에는 다양한 종류가 있다.

구동바퀴와 방식

엔진에서 동력을 전달 받는 바퀴를 구동바퀴라고 하며, 구동바퀴의 배치방법을 구동방식이라고 한다. 4바퀴로 구동하는 **4륜구동**(4WD, 4Wheel Drive)이 있고, 2바퀴로 구동하는 **2륜구동**(2WD)에는 앞바퀴 구동(Front WD)과 뒷바퀴 구동(Rear WD)이 있다.

또한 구동방식은 구동바퀴의 위치와 엔진의 위치에 따라 표현하는 경우가 많다.

2륜구동

2륜구동에는 FR 방식, FF 방식, MR 방식, RR 방식이 있다. 엔진의 배치는 위치뿐만 아니라 방향도 자동차 특성에 영향을 준다.

엔진의 회전축을 자동차의 전후 방향으로 배치하면 세로 배치, 좌우 방향으로 배치하면 가로 배치라고 한다.

승용차의 다운사이징

1970년대의 오일쇼크 이전, 대형 자동차는 부의 상징이기도 했다. 그러나 오일쇼크 이후 연비를 개선하기 위해 자동차를 작고 가볍게 만들려는 경향이 두드러졌다.

한편으로 실내 공간이 넓은 것이 좋다는 사용자도 있어서 「차는 작게 하고, 실내는 넓게 만든다」라는 컨셉이 생겨나면서 FF 방식이 널리 진행되었다. 당초에는 그때까지의 주류였던 FR 방식보다 운동성능이 나쁘다거나 앞바퀴의 타이어가 빨리 닳는 등의 여러 가지 문제가 있었지만, 지금은 거의 해결된 상태이다. 오일쇼크 이후에는 승용차에 있어서 FF 방식을 바탕으로 한 다운사이징화의 역사라고 해도 과언이 아니다.

▲ 저연비·저공해 엔진인 CVCC를 탑재한 혼다 시빅(1973년식). 소형 승용차로서 인기를 끌었다.

❶ FF방식 front engine·front drive

FF란 프런트 엔진 · 프런트 드라이브의 약어다. 앞쪽에 엔진과 트랜스 미션이 위치하고 앞바퀴가 구동되는 방식이다. 모터와 구동계통이 한 곳에 집중해 있기 때문에 공간 효율이 좋다. 엔진은 가로 배치가 일반적이지만 세로 배치 형태의 FF 차량도 있다.

장점으로는 실내 공간이 넓어지고 구조물이 앞쪽에 집중되기 때문에 자동차 전체로 보았을 때는 경량화가 실현된다. 단점으로는 앞쪽에 엔진, 구동 바퀴, 조향장치가 집중 배치되기 때문에 앞쪽이 무겁고, 구조적으로도 복잡하다.

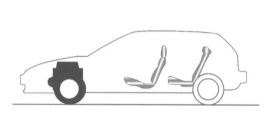
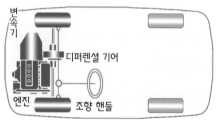

FF 방식 승용차의 예 FF 방식은 실내 공간을 넓게 사용할 수 있는 장점이 있어서 소형차나 미니밴에 적용되는 예가 많다. 미끄러지기 쉬운 눈길과 같은 노면에서는, FR 방식보다 안정적으로 주행할 수 있어 요즘에는 세단에서도 이 방식이 주류를 이루고 있다.

카니발
미니 밴

i30

니로

K7

② FR방식 front engine·rear drive

FR이란 프런트 엔진 · 리어 드라이브의 약어다. 앞쪽에 엔진을 세로로 배치하고 뒷바퀴를 구동시키는 방식으로 실내 바닥에 동력을 뒷바퀴로 전달하는 프로펠러 샤프트가 있어야 한다.

차체 중량비가 앞뒤 5 : 5에 가까워 중량의 균형이 뛰어나다. 장점으로는 앞뒤 중량의 배분이 좋아서 조종 안정성이 좋고, 단점으로는 변속기이나 프로펠러 샤프트가 바닥 아래를 지나가기 때문에 실내가 좁아진다.

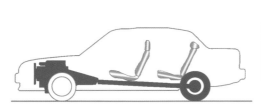

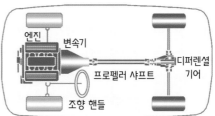

FR 방식 승용차의 예   FR 방식은 차체의 중량 밸런스가 좋고 코너링 특성을 자유롭게 설정할 수 있다. 그러나 부품 수가 많아져 가격이 상승하기 때문에 주로 고급 차량이나 스포츠카에서 적용한다.

닛산 370Z

BMW 컨버터블

쉐보레 SS

마쯔다 MX-5

③ MR방식 midship engine·rear drive

MR이란 **미드십 엔진 · 리어 드라이브**의 약어로서 실내와 뒷 차축 사이에 엔진을 배치하여 뒷바퀴를 구동시키는 방식이다.

승용차에 채용하는 경우는 드물다. 실내 공간이 줄어들기 때문에 대개 2인승 배치에 사용하지만 차체의 높이(전고)가 높은 차량은 바닥을 높여 그 밑으로 엔진 등을 배치함으로서 뒷좌석을 설치하는 경우도 있다.

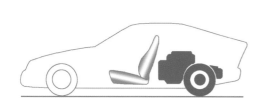
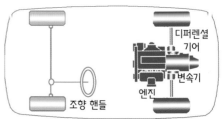

MR 방식 승용차의 예   MR 방식은 중심 근처에 중량물이 배치되어 자동차를 선회하기 쉽기 때문에 운동 성능을 높이기 쉽다. MR은 FR처럼 주행 성능을 높일 수 있지만 내부 공간이 작게 되기 때문에 한정된 스포츠 타입의 자동차밖에 채택하지 않는다.

람보르기니 후라칸

페라리 458

포르쉐 박스터

포르쉐 스파이더

4 RR방식 rear engine·rear drive

RR이란 리어 엔진·리어 드라이브의 약어로서 엔진과 변속기이 뒷 차축보다 뒤쪽에 위치한다.

MR 방식과 마찬가지로 승용차에서 채용하는 예는 적다. 구동 시스템 등을 뒷부분에 배치하기 때문에 실내 공간을 크게 할 수 있다. 그러나 트렁크를 앞바퀴 쪽으로 배치하기 때문에 적재공간이 작아지는 단점이 있다.

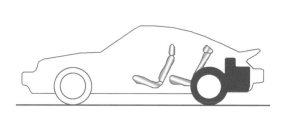
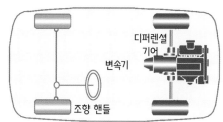

RR 방식 승용차의 예

RR 방식은 중량물이 뒤쪽으로 집중되어 구동 바퀴에 중량이 많이 걸리고 브레이크 시에 네 바퀴의 중량 밸런스가 좋아지지만, 앞쪽이 가벼워져 조향하는 앞바퀴의 하중이 감소되어 특히 고속에서 주행 안정성이 떨어지는 경향이 있다.

포르쉐 카이맨

BMW i3

911 GT3

포르쉐 카레라

⑤ 4WD방식 4 wheel drive

4WD 방식은 엔진의 구동력을 앞뒤 4개 타이어 모두에 전달하는 방식이다. 눈길이나 비포장도로 등에서 주행능력이 좋아진다. 그 때문에 정비가 안 된 도로에서 진가를 발휘하는 지프 같은 자동차에 많이 사용되어 왔다.

지금은 비포장도로 등에서의 주행능력 향상뿐만 아니라, 정비된 도로에서 자동차의 조종 안정성을 향상시키기 위해서도 많이 사용하고 있다. 자동차에 따라서는 AWDAll Wheel Drive라고도 부른다. 이 시스템은 FF방식이나 FR방식을 베이스로 한 것 등이 있고, 엔진 배치도 세로 배치·가로 배치 둘 다 있다.

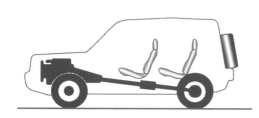
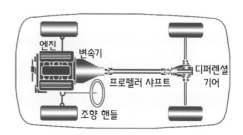

4WD 방식 승용차의 예 앞바퀴나 뒷바퀴만 구동하여 주행하는 2WD의 자동차보다 안정된 상태로 달릴 수 있고 구동력도 뛰어나기 때문에, 미끄러운 눈길이나 모랫길 등에서 주파성이 높은 것이 특징이다.

모하비

QM6

렉스턴

투싼

4WD 방식 RV의 예

앞뒤 바퀴 모두 구동되는 방식을 4WD라고 부른다. 다양한 방식이 있지만 가장 일반적인 2가지 방식을 소개한다.

단지 4WD라고 해도 모든 차종이 길 없는 벌판을 달리지 않으며, 본격적인 **오프로드**를 달리는 자동차인지 혹은 고속 주행과 눈길에서의 안전성을 높이는 차원인지는 구입 시에 확인이 필요하다.

▲ 오프로드

4WD 방식 RV

풀타임 4WD

센터 디퍼렌셜과 트랜스퍼를 이용해 네 바퀴 전체에 항상 동력을 배분하는 방식이다. 구동력을 효율적으로 노면에 전달할 수 있다.

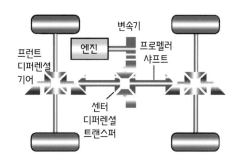

파트타임 4WD

주행상황에 따라 2륜구동과 4륜구동을 전환할 수 있는 방식. 우측 그림은 FR이 베이스인 파트타임 4WD다. 트랜스퍼를 통해 앞바퀴로도 동력을 배분할 수 있다.

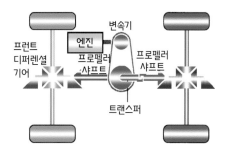

오프로드(off road) : 일반적으로 '비포장도로'라는 뜻으로 널리 통용되지만, 랠리(rally)에서는 '차가 달려서는 안 되는 곳을 말한다. 즉, 드라이빙 미스 등으로 코스를 벗어난 경우에 '오프로드로 나갔다' 등으로 표현한다. 또한 본래 차가 달리는 길이 아닌 코스에서 펼치는 오프로드 레이스도 성행하고 있다.

예전의 승용차는 뒷바퀴가 구동되는 FR 방식이 주류였다. 이것은 앞바퀴가 구동과 조향의 양쪽을 담당하면 움직임이 불안정해지기 쉽고, 조인트의 성능이 떨어졌던 것이 원인이었다.

그러나 기술의 혁신으로 현재는 FF 방식이라도 안정된 선회가 가능하고 장치의 고성능화와 소형화를 통해 트렁크 룸의 공간에도 여유가 생기게 되었다.

여기에는 세로 배치가 기본이었던 엔진이 가로 배치가 가능해진 것도 크게 영향을 주었다. FF 방식의 성능이 FR 방식과 견주어 손색이 없어지면서, 실내 공간을 넓게 사용할 수 있는 장점이 다시 주

목을 끌게 되고 또한 미끄러지기 쉬운 노면에서 FR 방식보다도 안정적으로 주행할 수 있다는 점까지 더해져 FF 방식을 기본으로 한 차종이 증가하고 있다. 현재는 소형차나 중형차 시장에서 FF방식이 독무대를 차지하고 있다.

그렇다고 해서 FR 방식의 장점이 없어진 것은 아니다. 자동차는 출발할 때 뒷바퀴에 힘이 걸리기 때문에 뒷바퀴 구동 쪽이 가속성능에서 뛰어나다. 또한 FR방식이 조향의 측면에서 쾌적하며 낫다고 생각하는 운전자가 많다. 그 때문에 현재도 고급차에서는 FF 방식보다 FR 방식을 많이 채용하고 있다.

FR방식의 특성

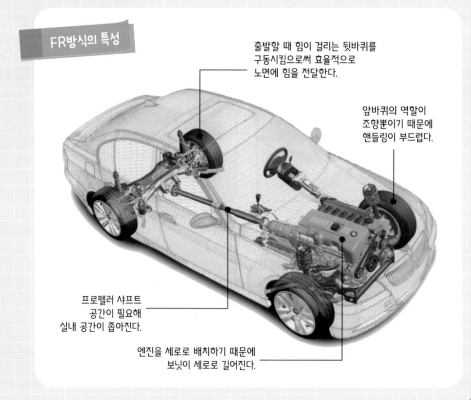

출발할 때 힘이 걸리는 뒷바퀴를 구동시킴으로써 효율적으로 노면에 힘을 전달한다.

앞바퀴의 역할이 조향뿐이기 때문에 핸들링이 부드럽다.

프로펠러 샤프트 공간이 필요해 실내 공간이 좁아진다.

엔진을 세로로 배치하기 때문에 보닛이 세로로 길어진다.

5 자동차의 동력원

자동차 동력원으로 가솔린 엔진, 디젤 엔진, 모터 등이 있다.

1 가솔린과 디젤 엔진

가솔린 엔진이나 디젤 엔진 등과 같이 연료를 내연기관(실린더)에서 연소시켜 열에너지를 운동에너지로 바꾸는 기구를 **내연기관 엔진**이라고 한다.

가솔린 엔진은 가솔린을 연료로 하며, 디젤 엔진은 경유를 연료로 사용한다. 둘 다 연소할 때의 팽창압력을 운동에너지로 사용하지만 연소방법은 다르다.

가솔린 엔진은 가솔린과 공기의 혼합기에 점화 플러그로 착화시키지만, **디젤 엔진**은 압축한 공기에 경유를 분사함으로써 착화시킨다.

엔진

▲ 가솔린 엔진 자동차의 엔진룸

24

2 모터

전기 자동차나 하이브리드 자동차, 연료전지 자동차 등은, 배터리에 충전된 전기를 사용해 움직이는 모터가 동력원이다.

모터는 **전기에너지를 운동에너지로** 바꾼다. 주행할 때 배기가스가 없고, 작동음도 작다는 장점이 있다. 자동차를 움직이는 동력원 외에 재해가 발생했을 때는 발전기로도 사용해 전기에너지를 공급할 수 있다.

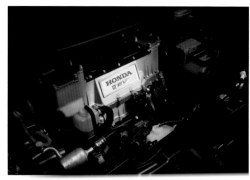

▲ 전기 자동차에 장착된 모터

보디 스타일

자동차의 보디 스타일에는 다양한 종류가 있다. 자동차 이전에 사용했던 마차는 승용과 화물운반용 등 다양한 스타일이 있었는데, 클래식 카 등에서 볼 수 있듯이 자동차는 먼저 승용차로 주로 진화했다. 형태로 말하면 엔진이나 트랜스 미션을 장착한 노즈 부분과 차량 실내가 있고, 화물 공간은 뒤쪽에 조그맣게 있었다. 그 후 「세단」을 중심으로 한 승용차, 트럭, 버스 등과 같이 용도에 맞춰 다양한 형태가 등장했다.

승용차 중에서는 캠프나 여행 등을 목적으로 짐을 많이 실을 수 있도록 화물 공간을 길게 한 「스테이션 왜건」이 등장했다. 또한 사람이나 짐을 더 많이 실도록 높이를 올린 「밴」도 등장하지만, 밴이 너무 크다는 사용자를 위해 「미니 밴」도 당시의 미국 시장에 등장했다. 동양에서 보면 그다지 작지 않지만 「미니 밴」이라는 이름은 미국에서 왔기 때문에 그대로 쓰이고 있다.

그 밖에는 비포장도로에서의 주행성능을 높인 4WD와, 스테이션왜건보다 더 높은 실내를 가진 「SUV(Sport Utility Vehicle)」 등도 등장한다. 이 SUV 가운데는 트럭 같이 짐칸과 실내를 가진 「픽업트럭」도 있다. 또한 이들의 중간적인 형태 등, 사용자의 요구가 폭넓어지면서 자동차는 많은 형태로 진화해 왔다. 이런 카테고리의 승용차들은 세단이나 왜건뿐만 아니라 최근에는 더 스마트하고 세련되게 변해가고 있다. 특히 SUV는 원래 4WD의 비포장도로용 자동차였지만, 강력한 힘을 갖고 있으면서도 도시에서 사용하는 스마트한 자동차로 자리 잡았다. 형태로 보면 실내가 작고 뒷부분이 낮은 편이다.

이와 같이 자동차의 보디 스타일은 당초의 사용 목적에 맞춰 분화되어 왔다가, 최근에는 연비를 향상시키기 위한 공력 디자인 측면의 기능적 영향도 있다. 요즘은 사용자의 기호에 따라 더 세련된 방향으로 진화하면서 원래의 기능보다도 스타일링에 중점을 두는 측면이 대세를 이루고 있다.

토크는 '회전력' 이라 번역되고, 마력은 '토크 ×회전수=마력' 이라는 계산식으로 정의되는데, 자동차는 달리는 힘을 나타낸다. 즉, 마력이 없으면 오르막길을 오르거나 빠른 속도로 달리지 못한다.

자전거를 예로 들어 토크와 마력을 설명하겠다. 자전거는 사람이 페달을 밟아야 움직인다. 힘이 좋은 사람은 오르막길을 쉽사리 오르겠지만, 힘이 부족한 사람은 힘들게 올라갈 것이다.

이때 페달을 밟는 힘은 '페달을 밟는 힘=엔진이 실린더 안에서 피스톤을 밀어 내리는 폭발력' 이라 할 수 있다. 페달을 밟은 힘과 페달 길이의 곱이 페달의 회전력(토크[kg-m])으로서, '페달을 밟는 힘이 약한 사람은 페달의 회전력(토크)이 작고, 페달을 밟는 힘이 강한 사람은 페달의 회전력(토크)이 크다' 고 할 수 있다.

엔진의 토크는 '폭발력×크랭크 축의 회전축 중심부터 커넥팅 로드(Connecting Rod)와 결합된 부분까지의 거리(크랭크의 옵셋)'가 되며, 폭발력이 크면 엔진 토크도 커진다.

사람의 힘 같은 경우는 페달을 밟을 때의 회전수가 낮거나 높아도 그 사람이 갖고 있는 힘은 똑같지만, 엔진의 경우 회전수가 낮은 영역과 극단적으로 높은 영역에서는 토크가 떨어진다. 가솔린 엔진의 경우, 최고 토크가 나오는 곳이 1분에 3,500~4,000 회전하는 영역대가 많은데, 출발할 때는 일반적으로 1분에 2,000회전 정도로 회전수를 올려 다소의 토크를 만들어준 상태에서 출발하기 위한 마력을 발휘할 필요가 있다.

마력을 자전거에서 말하면, 페달의 회전력(토크)과 페달의 회전수를 곱한 것이라고 할 수 있다. 페달을 힘차게 회전시키는 동안에 오르막길에 접어들면 언덕을 오르는 힘(마력)이 커지지만, 페달을 힘차게 돌리지 못할 때 언덕길에 들어서면 오르기가 힘들어진다. 이것은 마력이 없는 엔진과 마찬가지이다.

다시 말하면, '페달을 밟는 힘×페달의 길이=페달의 회전력(토크)' '페달의 회전력×페달의 회전수=자전거가 달리는 힘(마력)' 이라고 할 수 있다. 페달을 밟는 힘이 강한 사람이 폭발력이 있는 엔진과 같은데, 페달 회전수를 올려 힘차게 달리는 상태가 마력을 발휘하는 엔진 상태가 되는 것이다.

자전거에 비유한 토크와 마력

폭발력×크랭크의 옵셋
= 엔진의 토크

피스톤을 밀어 내리는 폭발력

페달을 밟는 힘

페달의 길이

크랭크의 옵셋

페달의 회전수   페달의 회전력

페달을 밟는 힘×페달의 길이
= 페달의 회전력(토크)

페달의 회전력×페달의 회전수
= 자전거가 달리는 힘(마력)

자동차의 엔진

2

자동차의 구성 요소 중에서도
핵심적인 존재가 되는 것이 엔진이다.

자동차 엔진은 용도에 따라 여러 가지 종류가 있다.

제2장에서는 엔진의 구성과 다양한 작동 방식,
그리고 엔진을 구동하기 위한 갖가지 장치들에 대해
알아가도록 하자.

1 엔진의 구성

자동차의 심장이라고 하는 왕복형 엔진을 예로 들어 설명한다.

엔진을 구성하는 부품

엔진은 아래 그림에서 볼 수 있듯이 다양한 부품으로 구성되어 있다.

실린더 안에 연료와 공기로 이루어진 혼합기를 넣고, 그것을 점화·연소시켜 팽창하는 에너지를 상하운동에서 회전운동으로 변환하는 것을 왕복형Reciprocating, 줄여서 리시프로 엔진이라

고 하며, 대부분의 자동차가 이 방식의 엔진을 사용하고 있다. 엔진 성능은 이런 기계부품들의 진화로 인해 비약적으로 향상되어 왔다. 또한 근래에 연료와 공기의 혼합방법이나 그 혼합기를 실린더 안에 넣는 타이밍이나 혼합기 양 등을 컴퓨터ECU : Electronic Control Unit로 제어함으로써 성능이 더욱 향상되고 있다.

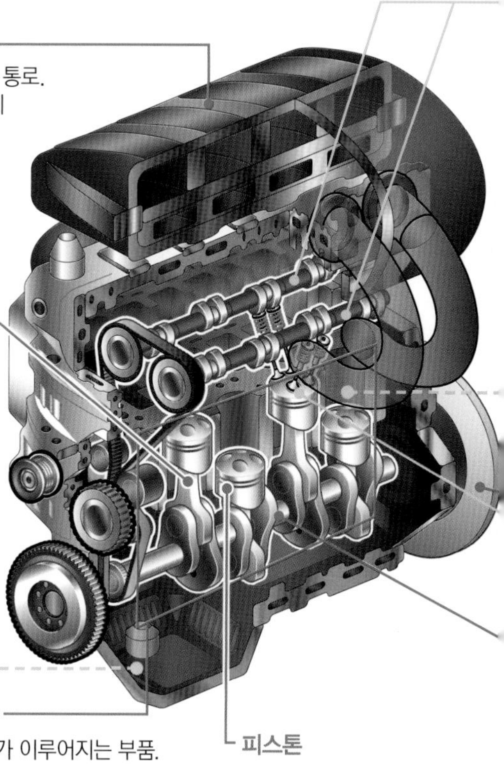

흡기다기관
엔진으로 공기를 보내는 통로.
중간에 스로틀 밸브 등이
설치되어 있다.

커넥팅 로드
피스톤의 상하운동을 크랭크축의
회전운동으로 전달하는 부품.
경량 고강도가 요구된다.

→ 오일의 흐름

오일 필터

오일 펌프

오일 스트레이너

오일 팬
엔진 안의 기계마찰 부분, 특히 피스톤과 실린더
쪽으로 오일을 순환시키기 위해 오일을 모아두
는 곳이다.

실린더 블록
엔진에서 연소가 이루어지는 부품.
실린더 안에서 발생하는 연소·폭발로
인해 피스톤이 실린더 블록과 마찰한
다. 실린더 블록은 이 마찰을 충분히
견딜만한 강도를 갖고 있다.

피스톤
실린더 내의 폭발 에너지
로 인해 블록과 마찰하는
부품. 오일순환이나 마찰
저항을 저감하는 구조를
하고 있다.

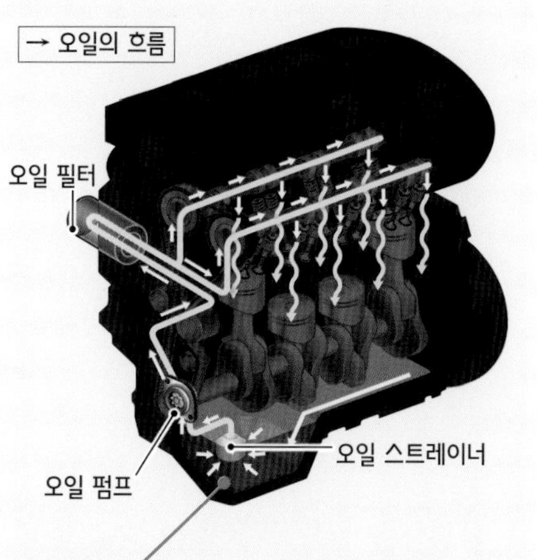

연소가 이루어지는 실린더

실린더란 실린더 블록에 있는 원통부분을 가리키며, 여기서 혼합기의 연소가 이루어진다. 실린더 안에서 연료와 공기의 혼합기가 폭발하기 때문에 폭발을 견딜 수 있을 만큼 강하게 만들어져 있다.

피스톤과 마찰을 일으키는 부분이기도 하기 때문에 슬리브Sleeve 구조를 하고 있으면서 폭발할 때의 열이나 피스톤의 마찰로 발생한 열을 실린더 블록으로 분산시킨다. 실린더 블록은 흡배기 밸브나 그 개폐를 담당하는 캠, 캠축 등이 장착된 실린더 헤드가 뚜껑 같은 역할을 하고 있다.

▲ 실린더 헤드

◀ 실린더 블록

워터재킷
실린더 블록 내에 만들어진 냉각수가 지나가는 수로.

플라이휠
크랭크샤프트에서 바뀐 회전운동에 관성을 갖게 함으로써 원활하게 돌도록 한다.

크랭크축
회전축에서 한 쪽으로 쏠린 부분에 커넥팅 로드를 고정하고, 피스톤의 상하운동을 회전운동으로 바꾼다.

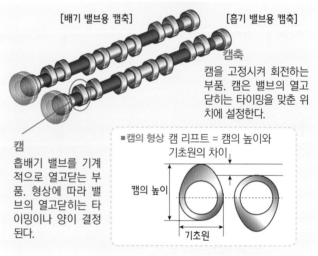

[배기 밸브용 캠축]　　　　[흡기 밸브용 캠축]

캠축
캠을 고정시켜 회전하는 부품. 캠은 밸브의 열고 닫히는 타이밍을 맞춘 위치에 설정한다.

캠
흡배기 밸브를 기계적으로 열고닫는 부품. 형상에 따라 밸브의 열고닫히는 타이밍이나 양이 결정된다.

■캠의 형상 캠 리프트 = 캠의 높이와 기초원의 차이

캠의 높이

기초원

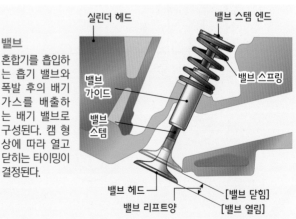

실린더 헤드　　　　밸브 스템 엔드

밸브
혼합기를 흡입하는 흡기 밸브와 폭발 후의 배기 가스를 배출하는 배기 밸브로 구성된다. 캠 형상에 따라 열고 닫히는 타이밍이 결정된다.

밸브 가이드

밸브 스프링

밸브 스템

밸브 헤드

밸브 리프트양

[밸브 닫힘]

[밸브 열림]

2 엔진의 작동 방식

엔진의 작동 방식은 4 사이클 엔진과 2 사이클 엔진이 있다.

① 상하 운동을 회전 운동으로 변환

흡기다기관에서 공급된 공기와 인젝터에서 분사된 가솔린의 혼합기가 흡기 밸브를 지나 실린더 안으로 들어간다. 실린더 안의 혼합기는 점화 플러그의 불꽃을 통해 불이 붙으면서 연소 폭발한다.

이 폭발의 팽창 압력으로 인해 피스톤이 힘차게 아래로 내려가고 그 후 배기 과정을 위해 위로 올라온다. 이 상하운동은 피스톤과 연결되어 있는 커넥팅 로드라고 하는 연결대와 커넥팅 로드를 고정하는 크랭크축에 의해 회전운동으로 바뀐다.

피스톤의 상하운동은 「흡입」「압축」「폭발」「배기」 4가지 사이클로 이루어지며, 이런 사이클로 회전하는 엔진을 4 사이클 엔진이라고 한다.

■ 상사점과 하사점

행정이란 피스톤의 상사점과 하사점 사이의 거리를 말한다.

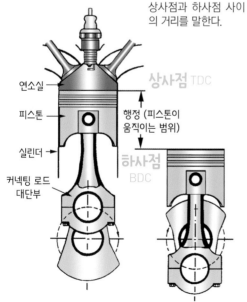

연소실

상사점 TDC

피스톤

행정 (피스톤이 움직이는 범위)

실린더

하사점 BDC

커넥팅 로드 대단부

피스톤은 상사점과 하사점 사이를 왕복한다.

■ 실린더 주변의 부품

크랭크축과 캠축은 타이밍 벨트(타이밍 체인) 등으로 연결되어 있다. 그 때문에 피스톤의 상하운동과 밸브개폐 타이밍이 연동되는 것이다.

캠축

밸브

피스톤

타이밍 벨트

타이밍 체인

커넥팅 로드

크랭크축

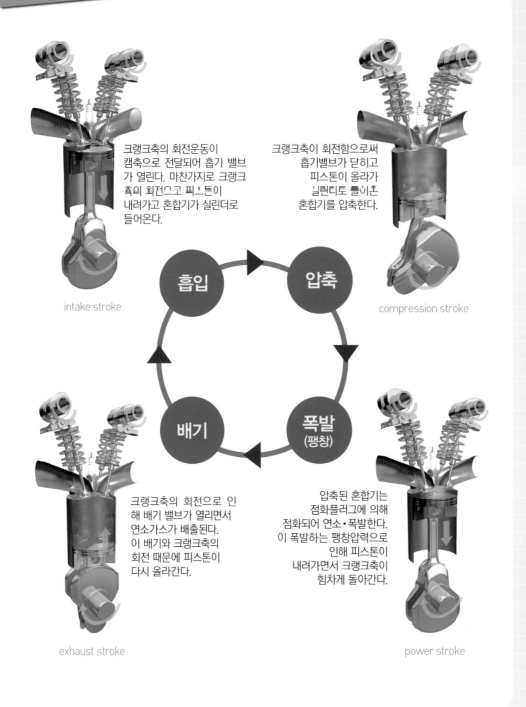

크랭크축의 회전운동이 캠축으로 전달되어 흡기 밸브가 열린다. 마찬가지로 크랭크축의 회전으로 피스톤이 내려가고 혼합기가 실린더로 들어온다.

intake stroke

크랭크축이 회전함으로써 흡기밸브가 닫히고 피스톤이 올라가 실린더로 들어온 혼합기를 압축한다.

compression stroke

흡입

압축

배기

폭발
(팽창)

크랭크축의 회전으로 인해 배기 밸브가 열리면서 연소가스가 배출된다. 이 배기와 크랭크축의 회전 때문에 피스톤이 다시 올라간다.

exhaust stroke

압축된 혼합기는 점화플러그에 의해 점화되어 연소·폭발한다. 이 폭발하는 팽창압력으로 인해 피스톤이 내려가면서 크랭크축이 힘차게 돌아간다.

power stroke

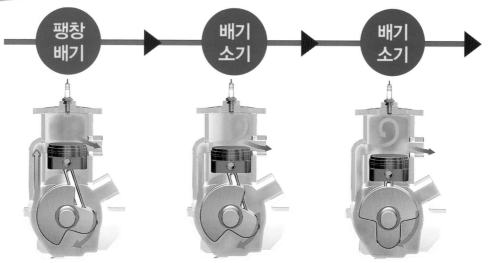

피스톤이 상사점에서 하강하여 헤드 면이 배기 포트 상현에 다다르면 배기행정을 시작한다. 동시에 피스톤의 하강과 더불어 크랭크실 쪽에는 압력이 걸리고(1차 압축), 혼합기는 소기 포트가 열리는 것을 기다리는 상태가 된다.

피스톤이 더 하강하여 헤드 면이 소기 포트 상현에 다다르면 예압된 혼합기가 세차게 실린더 안으로 유입된다. 1차 압축이 중요한 것은 이 기세가 필요하기 때문이다. 배기 포트는 열린 상태로서 혼합기와 연소가스가 뒤섞인다.

하사점. 피스톤 및 크랭크축에 의한 1차 압축은 여기서 종료된다. 실린더 내에서는 혼합기가 유입되는 기세로 연소가스를 밀어내고 일부 혼합기는 같이 배기 포트로 빠져나가지만 배엔진 내의 배출 압력파에 의해 다시 실린더 내로 밀려들어 온다.

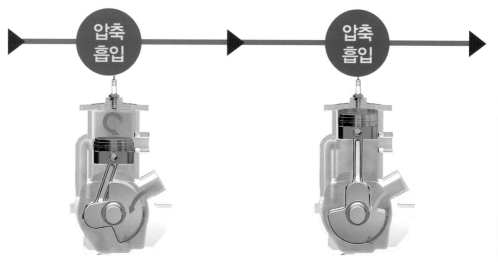

하사점을 지나 피스톤이 상승을 시작하면 크랭크실은 부압이 되고, 역류 방지 밸브를 통해 기화기에서 필요한 만큼 혼합기를 흡입한다. 실린더 내에서는 피스톤이 소기 및 배기 포트를 지나 양 포트가 닫힌 시점부터 압축이 시작된다.

상사점에서 압축된 혼합기는 최대 압력이 되며, 점화 후에 팽창행정으로 진행한다. 크랭크실 내부의 압력도 상사점에서부터 부압에서 정압으로 바뀌는데, 역류 방지 밸브의 작동으로 혼합기는 역류하지 않고 피스톤이 하강 후에는 크랭크실 내부에서 1차 압축이 시작된다.

② 회전 운동에 가담하는 부품들

┃ 피스톤

피스톤은 실린더 내의 폭발 에너지에 노출되기 때문에 강도가 중요하다. 또한 위아래로 움직이면서 마찰하기 때문에 이 마찰효율을 좋게 하려면 가벼우면서 실린더 등과의 사이에서 마찰저항이 낮아야 한다. 한편으로 피스톤과 슬리브 사이의 간격을 일정하게 유지시키기 위해 피스톤에는 피스톤 링을 장착한다.

▲ 피스톤

┃ 커넥팅 로드

피스톤과 크랭크축을 연결하는 막대 형상의 부품이다. 소단부 small end는 피스톤에, 대단부 big end는 크랭크축의 회전축에서 한 쪽으로 치우친 부분에 연결되어 상하로 마찰하면서 움직이는 피스톤의 운동에너지를 크랭크축으로 전달한다. 피스톤과 마찬가지로 효율을 높이려면 경량 고강성, 낮은 마찰저항이 필요하다.

▲ 커넥팅 로드

┃ 크랭크축

커넥팅 로드를 통한 피스톤의 상하 운동 에너지를 회전 운동으로 바꾼다. 커넥팅 로드가 전달하는 상하 운동을 크랭크축의 회전축으로부터 한 쪽으로 치우친 부분에서 받기 때문에 뛰어난 강성을 필요로 한다. 크랭크축의 회전은 플라이휠 등에 전달되어 구동력으로 발휘된다. 타이밍 벨트로 인해 밸브의 개폐와도 연동한다.

▲ 크랭크축

┃ 플라이휠

크랭크축은 실린더 내의 폭발로 인해 회전하기 때문에 회전력이 고르지 않아 부드럽게 돌지 않는다. 그래서 회전에 관성을 갖게 함으로써 부드러운 회전을 유도하기 위해 플라이휠을 장착한다. 무거운 플라이휠에 관성력이 붙으면서 엔진의 회전이 부드러워지지만 급격한 회전변동에는 불리한 측면이 있다. 그 때문에 부드러운 회전과 토크, 회전 변동 등과 같이 성능 밸런스를 두루 감안한 무게를 하고 있다.

▲ 플라이휠의 커팅모델

3 밸브 시스템

실린더 내 혼합기 흡입이나 폭발 후의 배기는 밸브와 캠에 의해 이루어진다.

① 밸브 유닛의 구성

엔진이 점차로 고성능화 되어가는 경향이 뚜렷하다. 지금까지의 상식을 뛰어넘는 신기술이나 신소재가 도래한 것은 아니지만 가능한 범위 내에서 조금씩 그리고 착실하게 거듭하면서 엔진의 진화는 계속되고 있다.

개량에 있어서 많은 부분을 떠받고 있는 곳은 밸브 기구이다. 연소실에서 출입 통로의 개폐를 담당하는 복잡한 구조가 실린더 내의 연소를 컨트롤하고 있다.

그 복잡한 구조는 어떻게 작동되고 있는 것일까? 최근의 **가변기구**란 도대체 무엇을 하는 것일까? 이 기구들은 엔진이나 자동차 그리고 운전자에게 무엇을 초래하는 것일까? 밸브 기구를 여러 가지 관점에서 생각해보자.

1. 타이밍 벨트 Timing belt

크랭크축의 회전을 밸브 기구에 전달하는 부품이다. 보강을 한 수지제의 제품으로서 내측에 요철(凹凸)의 톱니로 처리되어 있어 크랭크축 및 캠축 스프로킷의 톱니와 서로 맞물리는 구조이다.

2. 흡기 캠 스프로킷 (VVT 부착)

타이밍 벨트의 회전을 받는 기어로 캠축에 직접 결합된다. 즉, DOHC는 캠축이 2개이므로 캠축 스프로킷도 2개이다. 엔진 회전수의 1/2로 감속되어 캠축을 작동시킨다. 그림에서는 밸브의 개폐시기를 가변시키는 VVT(Variable Valve Timing)가 설치되어 있다.

3. 배기 캠축 스프로킷

마찬가지로 배기 캠축을 회전시키기 위한 기어이다. 그림은 고정식 스프로킷이지만 최근에는 흡기 및 배기 모두 밸브 가변기구(VVT)를 설치한다.

4. 흡기 로커 암

캠축으로부터 힘을 받아 그 힘을 밸브의 개폐로 변환하는 시소 형상의 부품이다.

5. 흡기 캠 로브 cam lobe

흡기 밸브를 개폐시키기 위해 흡기 캠축에 설치된 「돌기(凸)」부분이다. 회전하는 축에 돌기를 설치하여 회전 운동을 왕복 운동으로 변환시킨다.

6. 배기 캠 로브

배기 밸브를 개폐시키기 위해 배기 캠축에 설치된 「돌기(凸)」부분이다. 돌기를 높게 만들면 밸브의 양정(lift)이 증가하며, 돌출부의 길이가 길면 밸브가 열려있는 시간이 증가된다.

7. 흡기 밸브

혼합기 또는 새로운 공기나 연료가 연소실에 유입되는 것을 제어하는 밸브이다.

8. 배기 밸브

배기 밸브는 스템부를 중공의 구조로 하여 내부에 나트륨 등을 충전시켜 효율적으로 밸브 헤드부의 열을 흡수하도록 하는 구조가 증가 되어 왔다.

9. 흡기 캠축

파이프 형상의 주조품을 절삭 가공하는 것이 일반적인 제조 방법이지만 한편으로는 캠 로브를 축에 고정하는 방법이나 중공의 축에 캠 로브를 세트시키고 내측에서 고압을 가하여 고정하는 방법 등 새로운 제조 방법으로의 접근도 등장하기 시작하였다.

10. 배기 캠축

개폐시킬 밸브의 수만큼 캠 로브를 설치한 막대 형상의 부품이다. 4기통 4밸브라면 8개의 캠 로브가 설치된다.

배기 포트 Exhaust Port

실린더 헤드에 설치되어 배기가스가 흐르는 통로이다. 배기 다엔진으로 연결된다.

밸브 가이드 Valve Guide

실린더 헤드에 설치된 밸브를 지지해 주는 관이다. 동(銅) 제품으로 밸브의 열을 헤드로 전달하여 방열시키는 역할도 담당한다.

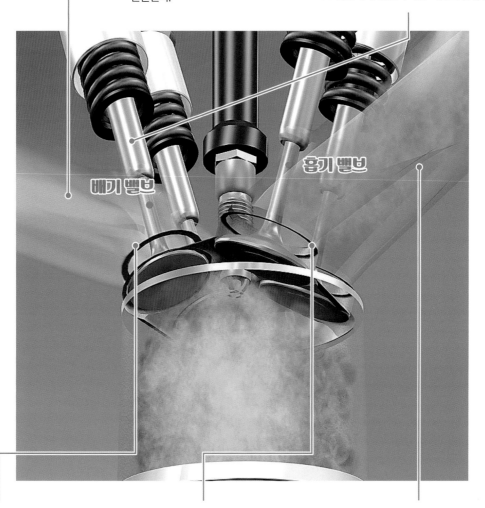

배기 밸브

흡기 밸브

배기 밸브 시트 exhaust Valve Seat

배기 밸브가 실린더 헤드에 밀착되는 부위이다. 특수 합금을 소결 성형하여 실린더 헤드에 박아 넣는다.

흡기 밸브 시트 Intake Valve Seat

이전에는 연료에 함유된 납의 성분으로 윤활 하였지만 무연화 이후에는 재료의 질을 개량하여 내구성을 현저하게 향상시켰다.

흡기 포트 Intake Port

실린더 헤드 내의 혼합기 또는 새로운 공기의 통로이다. 흡기 다엔진으로부터 접속되는 부위이다.

밸브에는 혼합기를 실린더로 들어가게 하는 **흡기 밸브**, 연소가스를 나가게 하는 **배기 밸브**가 있다. 고회전 · 고출력을 요구하는 엔진에서는 실린더로 흡입하는 혼합기를 늘리고 배기가스를 많이 배출할 필요가 있기 때문에 **3밸브**(흡기 밸브 2개, 배기 밸브 1개)나 **4밸브**(흡기 밸브 2개, 배기 밸브 2개)를 장착하기도 한다.

밸브는 크랭크축의 작동과 연동하는 캠에 의해 제어되는데 밸브를 여는 타이밍이나 흡입하는 혼합기 양은 캠 형상에 따라 정해진다.

흡배기 밸브를 열고닫는 타이밍을 **밸브 타이밍**이라고 하는데, 기존의 밸브 타이밍이 고정되어 있었던 반면, 현재는 적절한 밸브 타이밍을 엔진 회전수로 변화시키는 가변 밸브 타이밍 시스템도 있다.

■캠과 밸브의 작동

밸브는 스프링에 의해 닫혀 있다.

회전하는 캠이 밸브 스템 엔드를 밀면 열리게 된다.

캠이 더 회전하면 스프링이 되돌아가면서 밸브가 닫힌다.

가변밸브 타이밍 시스템 (혼다 VTEC)

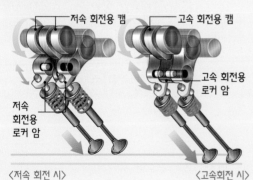

〈저속 회전 시〉
밸브가 조금 열림

〈고속회전 시〉
밸브가 많이 열림

고속 회전·고출력이 요구되는 엔진은 고속 회전할 때 많은 혼합기를 필요로 하기 때문에 저속 회전 때는 밸브를 조금 열고, 고속 회전할 때는 많이 여는 시스템이다. 저속 회전용과 고속 회전용 2종류의 캠을 나란히 배치해 로커 암을 매개로 밸브 스템 엔드를 누른다.

저속 회전할 때는 고속 회전용 캠이 누르는 로커 암이 공진하게 되고, 고속 회전으로 올라가면 유압이 자동적으로 핀을 로커 암에 연결해 고속 회전용 캠으로 밸브를 개폐하게 된다.

③ 밸브 시스템 방식

1개의 캠축으로 흡기 측·배기 측 각각 1개의 밸브를 구동하기 위하여 캠축에는 양측에 대응하는 캠 로브가 배치되어 있다. 직접 구동이 불가능한 것은 아니지만 캠 리프트가 너무 크게 되는 등의 문제에서 현실적이지 않다. 그래서 로커 암을 통하여 구동하게 된다.

SOHC+로커 암에 의한 실린더 헤드의 구성을 옆에서 본 경우의 대표적인 배치이다. 일러스트에서는 좌측의 밸브가 로커 암에 의하여 눌려 밑으로 내려가 열려 있는 상태이다. 암의 지지점 위치를

바꾸면 레버 비를 변경할 수 있으며, 밸브 리프트를 조정할 수 있는 장점도 있다. 로커 암이나 스윙 암 또는 롤러 팔로워(Roller Follower) 등 어느 것으로도 대응이 가능하다.

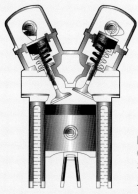

DOHC 실린더 헤드의 경우 캠축을 밸브에 가깝게 배치하는 것이 가능하기 때문에 일부러 로커 암을 조합하지 않더라도 캠 로브로 직접 밸브를 밀어 내리는 직접 구동식을 채용하기 쉽다. 특히 밸브의 협각이 큰 엔진에서는 직접 구동식으로 하는 것이 실린더 헤드 주변의 치수를 작고 경제적으로 기여하는 면도 있다.

일러스트 좌측의 밸브가 캠 노즈에 의하여 밀려 내려가 열려 있는 상태이다. 밸브 리프트 곡선은 캠 윤곽 곡선과 직선적인 관계가 된다. 고속회전 고출력형 엔진에는 없지만 가변 흡기 타이밍 등의 실현

을 위하여 DOHC를 채용한 실용 엔진에서는 실린더 헤드 주변의 콤팩트화와 부품수를 줄일 목적으로서 직접 구동식을 채용하는 경우도 있다.

4 애트킨슨(밀러) 사이클 엔진 Atkinson [Miller] Cycle Engine

실린더 안의 혼합기 연소효율을 높여 연비를 향상시키는 기술로 애트킨슨 사이클 엔진이 있다. 통상 엔진의 혼합기 압축비와 폭발할 때의 팽창비는 똑같지만, 애트킨슨 사이클 엔진은 압축비보다 팽창비를 크게 한 엔진이다.

압축할 때 흡기 밸브를 늦게 닫음으로써 혼합기를 흡기 쪽으로 약간 되돌리게 되고 그 엔진의 배기량보다 적은 혼합기로 고압축하여 폭발시킨다.

피스톤은 행정을 하면서 배기량만큼 작업하기 때문에 연소효율은 좋아지지만 배기량보다 적은 혼합기로 폭발시키는 것이기 때문에 회전력이 작아진다. 이 엔진은 회전력 부족을 모터로 보완하는 하이브리드 차에서 많이 사용한다.

■애트킨슨 사이클의 압축비와 팽창비

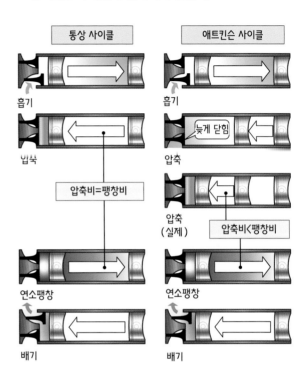

복형 엔진 한 곳의 피스톤과 실린더를 기통이라고 하는데, 그 수량과 배열은 용도에 따라 종류가 다양하다. 1,000~2,000cc 엔진은 4기통, 이보다 배기량이 작은 엔진은 2~3기통으로 이루어져 있다.

배기량이 큰 6기통 엔진은 부드럽게 회전하고 토크도 크지만, 직렬타입 같은 경우는 무겁고 가격도 비싸기 때문에 일부 스포츠카를 빼고는 대부분이 V형을 하고 있다. 수평대향 형은 진동이 작고 중심 높이도 낮지만 가공이 복잡하다.

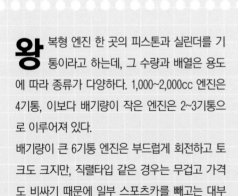

■실린더 배열과 종류

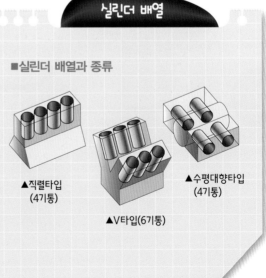

▲직렬타입 (4기통)

▲V타입(6기통)

▲수평대향타입 (4기통)

흡입

intake stroke

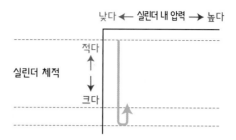

낮다 ← 실린더 내 압력 → 높다

실린더 체적

적다

크다

흡입 행정은 길지만, 압축 행정에서 흡입을 되밀기
때문에 흡기량은 오토 사이클과 변함이 없다.
다시 말하면 큰 배기량에서도 연료의 공급량은
같으므로 효율이 향상된 분량 이상으로는
토크가 증가 되지 않는다.

배기 행정은 이 밀러 사이클이나
오토 사이클이나 배기 행정은 같다.
단 팽창 행정이 긴만큼 배기 행정도 그래프 상에서 길어진다.
배기량은 1.33배 이다.

배기

exhaust stroke

팽창
13

실린더 내 체적

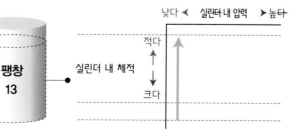

낮다 ◀ 실린더 내 압력 ▶ 높다

적다

크다

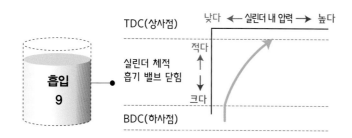

TDC(상사점)

낮다 ← 실린더 내 압력 → 높다

실린더 체적
흡기 밸브 닫힘

흡입
9

적다
↑
↓
크다

BDC(하사점)

압축

하사점에 있는 피스톤이 상승을 시작하고 공기를 압축한다는 점은
오토 사이클과 같다. 그러나 밀러 사이클에서는
압축이 시작되더라도 잠시 동안은 흡기 밸브가 열린 상태로 있고
빨아들인 공기를 흡기 포트로 밀어낸다. 그 결과 실질적인 압축비가
13이 아니고 10으로 내려가므로 노킹을 피할 수 있다.

compression stroke

배기량이 큰 밀러 사이클이지만 같은 9의 공기만을 빨아들인다.
이것을 압축하여 연소시킨다. 실린더 체적이 증가되기 시작하면
실린더 내의 압력도 하강을 시작한다.
행정이 긴 만큼(팽창비 13) 밀러 사이클 쪽이
큰 힘을 낼 수 있으므로 효율이 높아진다.

폭발
(팽창)

낮다 ← 실린더 내 압력 → 높다

실린더 체적

압축
1

적다
↑
↓
크다

power stroke

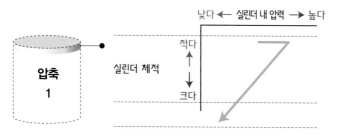

4 가솔린 연료 분사 장치

가솔린 등과 같은 연료는 인젝터에서 흡기포트 또는 연소실에 분사된다.

연료 공급의 구조

엔진에 연료를 공급하는 장치에는 연료 탱크, 연료 필터, 인젝터, 파이프 등이 있으며, 이를 가솔린 연료 분사장치라고 한다. 연료 급유구에서 연료탱크까지는 굵은 파이프로, 연료탱크부터 엔진까지는 가는 파이프로 연결되어 있다.

연료 탱크에 있는 가솔린을 연료 펌프가 보내면 연료 필터를 지나면서 이물질 등을 제거하고 나서 분사장치인 인젝터로 간다. 그러면 흡기다기관를 통해 들어온 공기와 인젝터에서 분사된 가솔린이 섞이면서 최적의 혼합기를 만든다. 이런 일련의 작동은 컴퓨터(ECU)가 제어한다.

■ 연료 분사장치

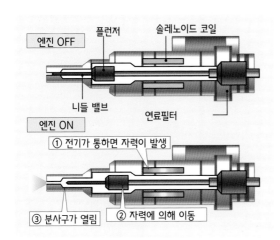

엔진 OFF
플런저
솔레노이드 코일
니들 밸브
연료필터

엔진 ON
① 전기가 통하면 자력이 발생
③ 분사구가 열림
② 자력에 의해 이동

연료 분사장치

인젝터란 적정량, 적정 압력, 적정 시기에 맞춰 연료를 실린더 헤드에 분사·확산시키는 장치이다. ECU가 제어하며, 실린더 헤드의 각 기통마다 있는 흡기 포트에 안개처럼 분사한다. 기계적으로 제어했던 카브레터(1990년대 정도까지 사용했던 연료장치)보다 고성능·고출력에다가, 또한 연소 효율도 좋기 때문에 연비나 배기가스를 억제할 수 있다. 인젝터는 니들 밸브, 플런저, 솔레노이드 코일 등으로 구성되며, 솔레노이드 코일에 전기가 흐르면 자력에 의해 플런저가 움직이면서 분사구멍이 열린다.

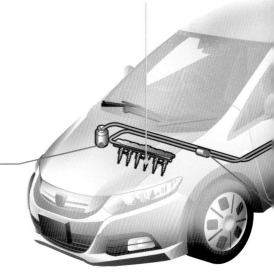

차콜 캐니스터

차콜 캐니스터는 가솔린의 증기가 대기 속으로 방출되지 않도록 하는 대기오염 방지 장치이다. 연료 탱크 등에서 발생한 가솔린의 증기를, 파이프를 통해 차콜 캐니스터에 넣어 활성탄에 흡착시킨다. 엔진이 작동하는 동안은 차콜 캐니스터 내부로 신선한 공기가 들어가는데, 흡착된 가솔린 증기는 활성탄에서 분리된 다음 엔진의 연소실로 들어가 연소된다.

인젝터의 배치

인젝터는 일반적으로 실린더 헤드에 장착되어 흡기 포트로 적정한 양의 연료를 분사한다. 분사된 가솔린은 흡기포트에서 공기와 섞인 다음 혼합기가 되어 흡입된다. 이런 방식을 **포트 분사방식**이라고 한다.

이에 반해 실린더 안으로 직접 연료를 분사하는 방식도 있다. 이것을 실린더 내 분사방식 또는 **직접 분사방식**이라고 한다.

연료와 공기의 비율(공연비)에서 연료 비율이 낮으면 엔진의 출력이 떨어지게 되지만, 이 방식에서는 균일한 상태에서 연료가 적어서 연소되지 않을 만큼의 연료비율(초희박 공연비)로도 연소시킬 수가 있다.

■ **포트 분사방식과 직접 분사방식**

포트 분사방식

인젝터
흡기 포트
실린더
피스톤

직접 분사방식

인젝터
실린더
피스톤

연료 필터
연료를 여과해 연료에 섞인 이물질을 걸러낸다.

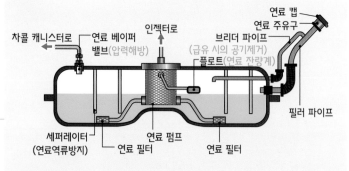

차콜 캐니스터로
연료 베이퍼 밸브(압력해방)
인젝터로
연료 캡
연료 주유구
브리더 파이프 (급유 시의 공기제거)
플로트(연료 잔량계)
필러 파이프
세퍼레이터 (연료역류방지)
연료 필터
연료 펌프
연료 필터

연료 탱크

기존에는 철제 연료 탱크를 많이 사용했지만 요즘은 수지제품을 많이 사용하고 있다. 수지 탱크는 가볍고 내식성, 내충격성, 안전성이 뛰어나며, 복잡한 형상도 만들 수 있어서 널리 사용하고 있다. 연료 펌프(모터로 구동)가 작동해 연료를 엔진으로 공급하게 되는데, 그 흡입구에는 탱크 내의 이물질이 섞이지 않도록 연료 필터가 장착되어 있다. 연료잔량계는 플로트(Float)가 연료의 액면 높이를 측정함으로써 인스트루먼트 패널 내의 미터에 잔량이 표시되는 것이다. 또한 탱크 안의 연료 증기에 의한 압력이 상승했을 경우 연료 베이퍼 밸브(Fuel Vapor Valve)를 통해 압력을 방출한다.

5 냉각 장치

자동차에는 뜨거워진 엔진을 냉각하는 장치가 있다.

엔진을 냉각하는 냉각수

엔진은 실린더 안에서 혼합기가 폭발하기 때문에 상당히 뜨거워진다. 그 때문에 실린더 블록에 냉각수가 지나가도록 **워터 재킷**(냉각수 통로)을 설치함으로써, 이곳을 순환하는 냉각수가 엔진의 열을 흡수하여 엔진을 냉각하게 된다.

엔진 안을 통과하면서 뜨거워진 냉각수는 배관을 지나 **라디에이터**로 들어가 차가워진다. 라디에이터는 냉각수의 열을 발산하는 장치이다.

냉각수에는 얼지 않도록 동결온도를 낮춘 부동액을 섞어 넣는다. 부동액에는 방청•방부 기능을 내포한 성분도 함유하고 있다.

■ 냉각장치의 구성

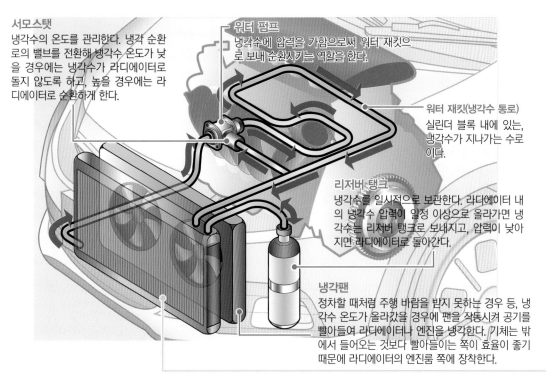

서모스탯
냉각수의 온도를 관리한다. 냉각 순환로의 밸브를 전환해 냉각수 온도가 낮을 경우에는 냉각수가 라디에이터로 돌지 않도록 하고, 높을 경우에는 라디에이터로 순환하게 한다.

워터 펌프
냉각수에 압력을 가함으로써 워터 재킷으로 보내 순환시키는 역할을 한다.

워터 재킷(냉각수 통로)
실린더 블록 내에 있는, 냉각수가 지나가는 수로이다.

리저버 탱크
냉각수를 일시적으로 보관한다. 라디에이터 내의 냉각수 압력이 일정 이상으로 올라가면 냉각수는 리저버 탱크로 보내지고, 압력이 낮아지면 라디에이터로 돌아간다.

냉각팬
정차할 때처럼 주행 바람을 받지 못하는 경우 등, 냉각수 온도가 올라갔을 경우에 팬을 작동시켜 공기를 빨아들여 라디에이터나 엔진을 냉각한다. 기체는 밖에서 들어오는 것보다 빨아들이는 쪽이 효율이 좋기 때문에 라디에이터의 엔진룸 쪽에 장착한다.

리저버 탱크

냉각수 온도와 외부 공기와의 온도차가 크면 클수록 방열효과는 크다. 이 때문에 워터 재킷을 길게 만들어 냉각액이 가능한 고온이 되도록 설계하는 편이 효율적인 방열을 할 수 있다. 물은 100℃를 넘으면 수증기가 되기 때문에 통상은 그 이상의 고온이 되는 것은 불가능하지만, 압력을 가하면 비점boiling point이 높아지기 때문에 더 고온으로 올릴 수 있다. 이런 구조를 압력식 냉각pressurized type cooling system이라고 한다.

압력식 냉각에서는 압력이 너무 높아지지 않도록 항상 일정하게 유지시킬 필요가 있다. 그 때문에 리저버 탱크를 이용해 압력을 조정한다.

■ 압력식 냉각

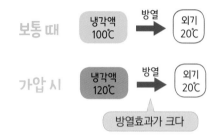

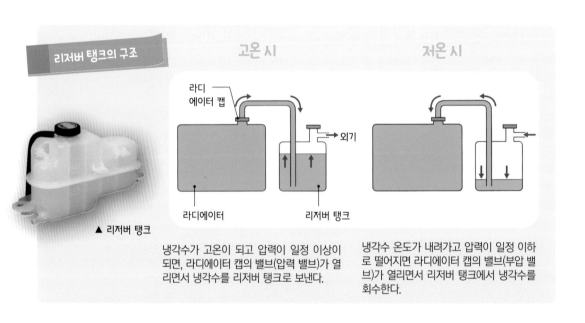

리저버 탱크의 구조

고온 시

저온 시

라디에이터 캡

외기

라디에이터　　　　리저버 탱크

냉각수가 고온이 되고 압력이 일정 이상이 되면, 라디에이터 캡의 밸브(압력 밸브)가 열리면서 냉각수를 리저버 탱크로 보낸다.

냉각수 온도가 내려가고 압력이 일정 이하로 떨어지면 라디에이터 캡의 밸브(부압 밸브)가 열리면서 리저버 탱크에서 냉각수를 회수한다.

▲ 리저버 탱크

어퍼(위) 탱크
라디에이터 캡
라디에이터 코어
로어(아래) 탱크

라디에이터

라디에이터는 어퍼 탱크, 로어 탱크, 라디에이터 코어, 라디에이터 캡 등으로 구성되어 있다. 냉각수는 어퍼 탱크에서 라디에이터 코어를 지나 로어 탱크로 흐른다. 라디에이터 코어는 냉각수가 지나가는 튜브와 핀으로 만들어져 있는데, 핀 사이를 빠져 나가는 주행 바람 등에 의해 냉각수가 차가워진다. 라디에이터 캡은 라디에이터 내의 냉각수 압력을 조정한다. 바깥온도와 냉각수 온도와 차이가 날수록 방열효율이 좋아지기 때문에 냉각수의 압력을 높여 끓는 점을 높인다.

6 윤활 장치

윤활장치는 엔진 오일을 각 부품에 계속 공급하는 장치이다.

1 윤활 장치의 구조

작동 중인 엔진에서는 피스톤이나 크랭크축, 캠축 등이 심하게 움직여 부품들이 서로 스치면서 마찰을 일으켜 불필요하게 운동 에너지를 소비하기 때문에 윤활유를 사용하여 부품의 동작을 매끄럽게 할 필요가 있다. 이 윤활유를 엔진 오일이라고 부른다.

엔진이 작동되는 동안에는 엔진 내부의 각 부품에 엔진 오일을 공급하기 위해 설치된 윤활 장치는 엔진 오일을 담아두는 **오일 팬**, 오일을 정화하는 **오일 필터**, 오일을 엔진 안의 각 부품에 보내는 **오일 펌프**, 오일 통로인 **오일 갤러리** 등으로 구성되어 있다.

오일 팬에 저장된 엔진 오일은 오일펌프로 빨아올려 오일 필터로 보내져 미세한 이물질이 걸러진 다음 오일 갤러리를 따라 엔진의 각 부품에 공급된다. 오일은 부품과 부품 사이로 흘러들어 오일의 막을 만들어 부품끼리 마찰을 최소한으로 억제한다.

오일 펌프

엔진 오일을 순환시키는 동력원인 오일 펌프는 크랭크축에 접속되어 있다. 크랭크축이 회전하면 동시에 펌프가 오일을 끌어올려 엔진 내부의 각 부품으로 공급한다.

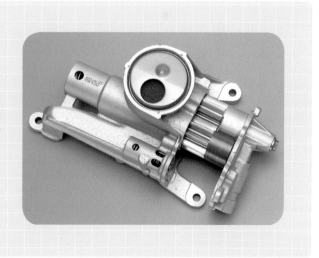

윤활장치는 엔진 본체와
일체화되어 있으며
엔진의 움직임에 맞춰
오일이 순환된다.

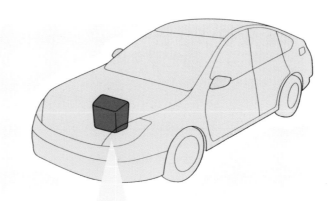

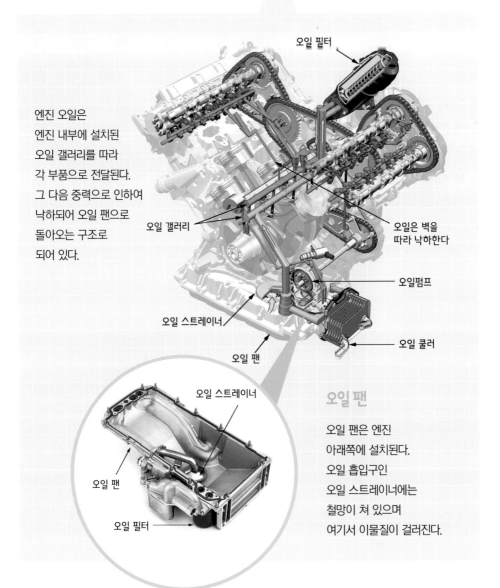

오일 필터

엔진 오일은
엔진 내부에 설치된
오일 갤러리를 따라
각 부품으로 전달된다.
그 다음 중력으로 인하여
낙하되어 오일 팬으로
돌아오는 구조로
되어 있다.

오일 갤러리

오일은 벽을
따라 낙하한다

오일펌프

오일 스트레이너

오일 쿨러

오일 팬

오일 스트레이너

오일 팬

오일 필터

오일 팬

오일 팬은 엔진
아래쪽에 설치된다.
오일 흡입구인
오일 스트레이너에는
철망이 쳐 있으며
여기서 이물질이 걸러진다.

② 오일 필터와 오일 쿨러

엔진오일이 엔진 안을 순환하면 금속분말이나 외부로부터의 이물질이 오일에 섞여 오일의 열화나 부품마모를 일으키는 원인이 된다. 이것을 방지하기 위해 오일 갤러리 중간에 **오일 필터**를 장착해 혼입된 이물질을 제거하고 있다.

오일 필터에는 금속제품의 케이스에 여과지 등 정화용 소재가 들어간다. 필터를 장기간 사용하면 이물질이 달라붙어 윤활효과가 나빠지기 때문에 필터는 오일을 교환할 때마다 바꿔주는 것이 좋다.

오일 필터와 더불어 또 하나의 정화장치가 있는데 바로 금속제 망으로 된 **오일 스트레이너**다. 오일 스트레이너는 오일 팬에서 오일을 빨아올리는 파이프 끝에 설치되어 있어서 큰 이물질이 올라오는 것을 막아준다.

■ **오일 쿨러**

오일 쿨러는 오일이 너무 고온으로 올라가지 않도록 해주는 장치다. 오일필터에 부속되어 있다.

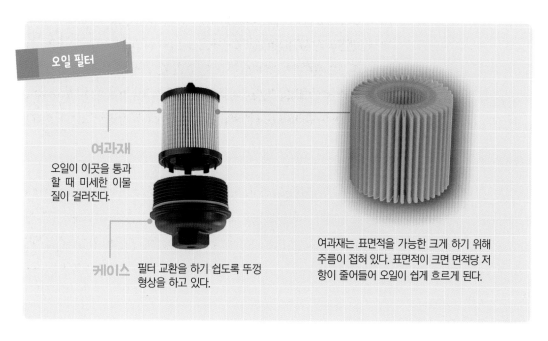

오일 필터

여과재
오일이 이곳을 통과할 때 미세한 이물질이 걸러진다.

케이스 필터 교환을 하기 쉽도록 뚜껑 형상을 하고 있다.

여과재는 표면적을 가능한 크게 하기 위해 주름이 접혀 있다. 표면적이 크면 면적당 저항이 줄어들어 오일이 쉽게 흐르게 된다.

③ 엔진 오일의 작용

엔진 오일의 역할은 윤활만이 아니다. 그 밖에 부품과 부품의 틈새를 메꾸어 주는 기밀작용, 열을 흡수하는 냉각작용 등 모두 여섯 가지의 작용이 있다. 이 때문에 엔진오일이 부족해지면 연소효율이 나빠지거나 엔진이 오버히트하는 등 여러 가지 문제점이 발생된다. 엔진을 양호한 상태로 유지하기 위해서는 정기적으로 오일을 교환하여야 한다.

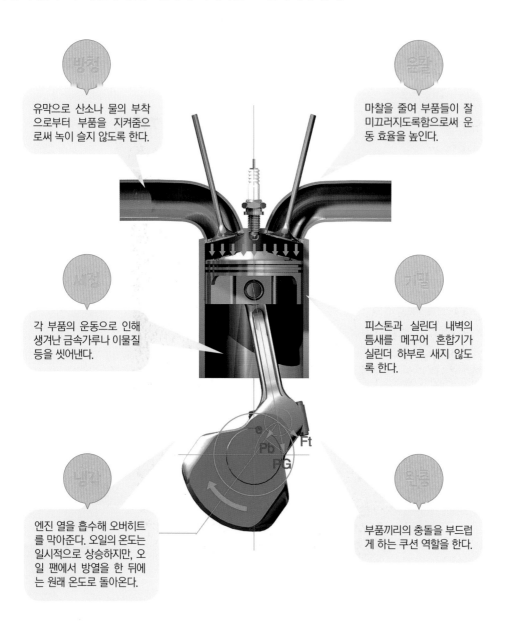

방청
유막으로 산소나 물의 부착으로부터 부품을 지켜줌으로써 녹이 슬지 않도록 한다.

윤활
마찰을 줄여 부품들이 잘 미끄러지도록함으로써 운동 효율을 높인다.

세정
각 부품의 운동으로 인해 생겨난 금속가루나 이물질 등을 씻어낸다.

기밀
피스톤과 실린더 내벽의 틈새를 메꾸어 혼합기가 실린더 하부로 새지 않도록 한다.

냉각
엔진 열을 흡수해 오버히트를 막아준다. 오일의 온도는 일시적으로 상승하지만, 오일 팬에서 방열을 한 뒤에는 원래 온도로 돌아온다.

완충
부품끼리의 충돌을 부드럽게 하는 쿠션 역할을 한다.

7 흡기 장치

실린더로 혼합기를 보내는 장치이다.

외부 공기로부터 실린더까지의 공기흐름을 제어하는 것이 **흡기장치**이다.

흡입한 공기는 에어클리너에서 정화한 다음 에어 덕트를 지나 스로틀 밸브에서 공기량을 조정한다. 그 후 **흡기다기관**이라고 하는 분기관에서 각 실린더 헤드의 흡기포트로 보낸다. 흡기 포트에서는 인젝터가 분사하는 연료와 섞이면서 혼합기로 만들어져 실린더로 들어간다.

■ 흡기 장치의 구성

| 저속 회전 시 : 가늘고 긴 관(Branch) | 고속 회전 시 : 굵고 짧은 관 |

컨트롤 밸브
: 닫힘

컨트롤 밸브
: 열림

흡기다기관

각 실린더로 공기를 배분하는 분기관.
흡기효율 향상을 위해 컨트롤 밸브를 장착하여
엔진이 고속 회전할 때는 굵고 짧게,
저속 회전할 때는 가늘고 길어지는
가변 흡기 시스템으로 되어 있다.
흡기 매니폴드라고도 한다.

스로틀 밸브

운전자가 제어하는 대로 엔진 회전이
발생되도록 액셀러레이터를 밟는 양에
맞춰 밸브가 열리면서 공기량을 증감
시킨다. 현재는 대부분이 ECU로 제어
하고 있다. 스로틀 보디라고도 한다.

에어 덕트

형상은 공기 흐름이 원활해지
도록 만들어진다.

에어클리너

이물질을 걸러내 흡기를 깨끗하
게 한다. 부직포 등의 여과재를
사용한다.

공기 흡입구

엔진룸 안에서도
비교적 온도가 낮고,
어느 정도 물이 있는 곳을 주행해도
지장이 없는 위치에 장착한다.

8 배기 장치

실린더에서 연소된 가스를 배출하는 장치이다.

실린더에서 만들어진 배기 가스를 배기 다기관을 통해 밖으로 배출하는 것이 배기 장치이다.

배기가스는 실린더 헤드의 배기 포트에 장착된 배기 다기관에서 모아진 다음, 촉매 컨버터에서 정화되고 배기 파이프를 지나 머플러를 통해 배출된다. 배기가스는 유해물질을 포함하고 있는 데다가 몇 백℃나 될 만큼 고온·고압이다. 고온·고압 상태에서 외부로 방출되면 급격하게 팽창해 큰 소음을 내게 된다. 그 때문에 배기장치에는 배기가스를 정화하는 촉매 컨버터 외에도 배기소음을 줄이는 머플러를 장착한다. 머플러의 소음을 줄이는 방식에는 **팽창식, 흡음식, 공명식** 3가지가 있으며, 이것들을 병행해 사용한다.

또한 배기 파이프로는 엔진의 진동이 전달되기 때문에 보디에서 고무를 이용해 매달아놓는 형태로 장착한다.

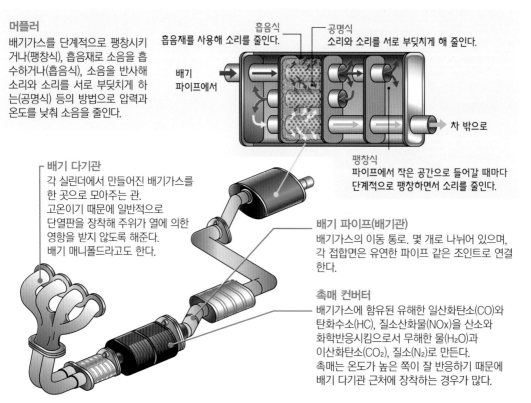

머플러
배기가스를 단계적으로 팽창시키거나(팽창식), 흡음재로 소음을 흡수하거나(흡음식), 소음을 반사해 소리와 소리를 서로 부딪치게 하는(공명식) 등의 방법으로 압력과 온도를 낮춰 소음을 줄인다.

흡음식
흡음재를 사용해 소리를 줄인다.

공명식
소리와 소리를 서로 부딪치게 해 줄인다.

배기 파이프에서

차 밖으로

팽창식
파이프에서 작은 공간으로 들어갈 때마다 단계적으로 팽창하면서 소리를 줄인다.

배기 다기관
각 실린더에서 만들어진 배기가스를 한 곳으로 모아주는 관. 고온이기 때문에 일반적으로 단열판을 장착해 주위가 열에 의한 영향을 받지 않도록 해준다. 배기 매니폴드라고도 한다.

배기 파이프(배기관)
배기가스의 이동 통로. 몇 개로 나뉘어 있으며, 각 접합면은 유연한 파이프 같은 조인트로 연결한다.

촉매 컨버터
배기가스에 함유된 유해한 일산화탄소(CO)와 탄화수소(HC), 질소산화물(NOx)을 산소와 화학반응시킴으로서 무해한 물(H_2O)과 이산화탄소(CO_2), 질소(N_2)로 만든다. 촉매는 온도가 높은 쪽이 잘 반응하기 때문에 배기 다기관 근처에 장착하는 경우가 많다.

9 과급기

엔진의 출력을 높이기 위해 흡기다기관에 설치한 공기펌프이다.

1 엔진 출력을 높이는 장치

엔진 등의 연료를 연소시키기 위해서는 공기가 필요하다. 엔진 출력은 실린더로 보내는 혼합기 양으로 결정되는데, 그 한계가 총배기량이다.

그러나 공기를 압축하면 총배기량 이상의 혼합기를 보낼 수가 있기 때문에 더 많은 연료를 연소시킴으로써 엔진의 출력을 높일 수 있다.

이것을 가능하게 하는 장치를 과급기라고 하는데, 터보차저와 슈퍼차저가 있다.

이전에는 스포츠 카 등의 엔진 출력을 높이기 위해 탑재하는 경우가 많았지만, 최근에는 엔진의 총배기량을 줄이고 가속할 때나 급격한 오르막길을 주행할 때만 과급기를 이용하는 식으로 필요한 마력을 끌어냄으로써, 전체적인 연비를 향상시키는 기술로도 사용하고 있다.

2 터보 차저와 슈퍼 차저

터보 차저

터보 차저에는 하나의 축 양 끝에 터빈과 컴프레서를 장착한다. 엔진의 배기가스 압력으로 터빈이 돌아가는 동시에 터빈 반대 쪽 끝에 있는 컴프레서가 흡입공기를 압축하고, 압축한 공기를 실린더로 보낸다.

배기가스를 이용하기 때문에 엔진 회전수가 낮아 배기가스가 적을 때는 효과를 충분히 발휘하지 못한다.

슈퍼 차저

엔진의 출력축(크랭크축)과 연결된 벨트 등을 사용해 동력을 끌어낸 다음, 이 동력으로 흡입공기를 압축하는 컴프레서를 구동시켜 압축공기를 실린더로 보낸다.

터보차저와 비교하면 기계적으로 컴프레서를 회전시키는 방식이기 때문에 저속 회전 영역부터 과급효과를 볼 수 있지만, 구조가 복잡하고 자동차의 중량도 늘어난다.

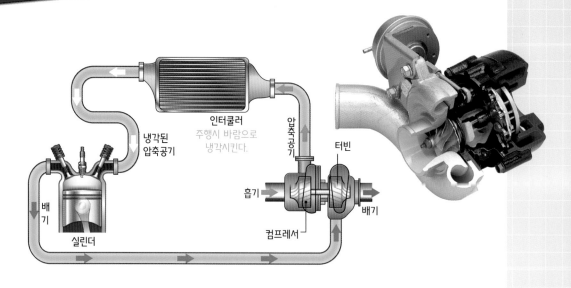

인터쿨러
주행시 바람으로
냉각시킨다.

냉각된
압축공기

압축
공기

터빈

흡기

배
기

컴프레서

배
기

실린더

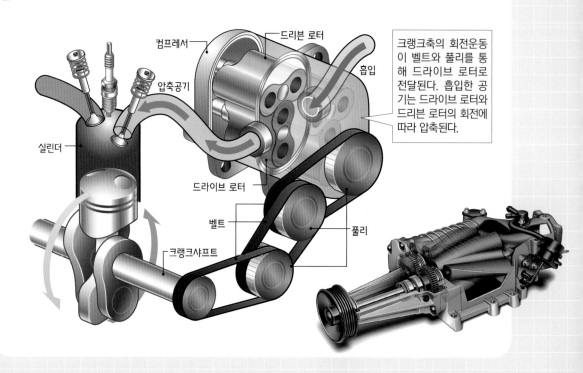

컴프레서

드리븐 로터

흡입

압축공기

크랭크축의 회전운동
이 벨트와 풀리를 통
해 드라이브 로터로
전달된다. 흡입한 공
기는 드라이브 로터와
드리븐 로터의 회전에
따라 압축된다.

실린더

드라이브 로터

벨트

풀리

크랭크샤프트

10 시동 장치

엔진을 시동하기 위해 크랭크축을 회전시키는 장치이다.

엔진 시동 장치

엔진은 **스타터 모터**(셀프 모터)를 사용해 시동을 건다. 스타터 모터의 회전속도는 분당 50~200회전 정도로서, 보통 모터와 달리 작동시간이 짧지만(30초) 강력한 토크를 만들어낸다.

근래에는 엔진 시동 시스템을 컴퓨터(ECU)로 제어하는 등 기술적인 진화가 이루어져 대부분

한 번 동작으로 엔진 시동이 걸린다.

스타터 모터 끝에 있는 피니언 기어가 크랭크축에 직접 연결되어 있는 링 기어(플라이휠의 외주)에 맞물리면서 구동력을 전달하는 것이다.

이 구농력 때문에 **엔진 사이클**이 시작된다. 아이들링 스톱 시스템에 적합한 고내구성 스타터 모터도 있다.

■ 스타터 모터의 역할

피스톤

링 기어 맞물린다

스타터 모터

크랭크축

플라이휠

피니언 기어

플라이휠 외주의 링 기어와 스타터 모터의
피니언 기어가 맞물리면서
플라이휠을 돌려 크랭크축을 회전시킴으로써
엔진시동을 걸게 된다. 엔진시동 전과 시동 중에는
맞물리지 않도록 피니언 기어가 분리된다.

솔레노이드
스위치
플런저
시프트 레버
B단자
M단자

피니언 기어
오버러닝 클러치

감속 기어
어셈블리
요크 어셈블리 전기자

브러시
홀더

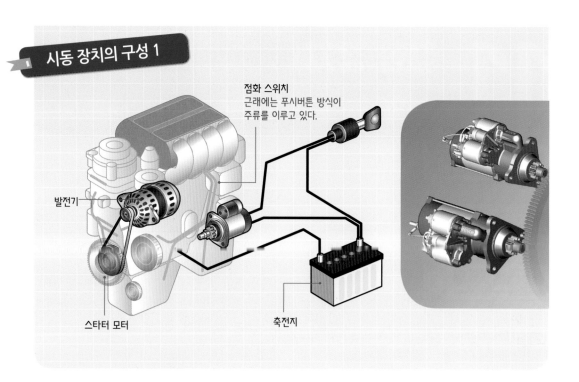

점화 스위치
근래에는 푸시버튼 방식이
주류를 이루고 있다.

발전기

스타터 모터

축전지

시동 장치의 구성 2

1	ECU	2	DC/DC 컨버터 12V	3	축전지 전류 센서	4	스타터 모터
5	중립 기어 센서(인히비터 스위치)	6	휠 스피드 센서	7	크랭크각 센서	8	회생 제동

11 점화 장치

점화 플러그의 불꽃으로 혼합기를 연소시키는 장치이다.

① 엔진 점화 방식

가솔린 등의 연료와 공기는 흡기 포트에서 혼합기가 된 다음, 밸브를 통해 실린더 안으로 흡입된다. 점화 플러그는 흡입된 혼합기를 점화해 연소·폭발시키는 역할을 하는데, 일반적으로는 각 실린더마다 하나씩 장착되어 있다.

점화 플러그는 고압전류를 방전해 점화시키는 방식으로, 자동차에서 사용하는 저압전류(12V)를 고압전류로 변압하는 역할은 **점화 코일**이 담당한다.

예전 자동차에서는 점화 코일이 **점화플러그와** 떨어진 곳에 위치해 각 점화플러그까지 배전기로 전기를 배분했다. 지금은 각 점화플러그 위치에 장착되어 컴퓨터(ECU)가 제어한다.

점화 플러그나 점화 코일 등을 점화 장치 Ignition System라고 한다.

■ 배전기 점화방식

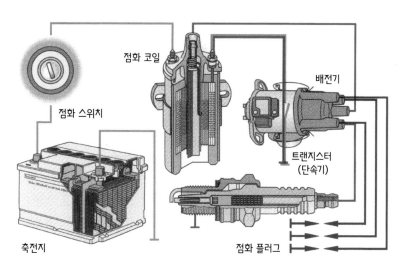

점화 코일
점화 스위치
배전기
트랜지스터
(단속기)
축전지
점화 플러그

전기를 공급하는 배전기는 고압배선을 통해 점화 코일과 연결되어 있어서,
점화 코일로부터 전달 받은 고압전기를 고압배선으로 점화 플러그에 배분한다.

■ 직접 점화방식

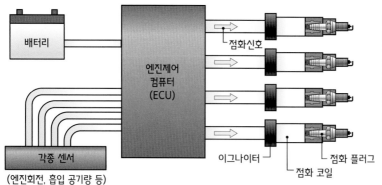

다이렉트 점화장치는 ECU제어를 통해 전기를 공급하는데, 점화 플러그와 연결된 점화코일에서 고압전류로 변압한다. 전압 강하가 적어 효율이나 신뢰성이 뛰어나다.

② 점화 코일

점화 플러그에서 방전이 이루어지는 고전압 (15,000~35,000V)은, 12V 축전지 전압에서 변압하는 장치이다.

점화코일에는 한 개의 철심(코어)에 권수가 다른 두 개의 코일이 감겨 있는데, 권수가 적은 코일이 1차코일(솔레노이드)이고, 권수가 많은 코일이 2차코일(고전압코일)이다. 배터리 전압이 1차코일로 전류를 보내면 상호유도작용을 이용해 2차코일에서 고전압을 일으킨다.

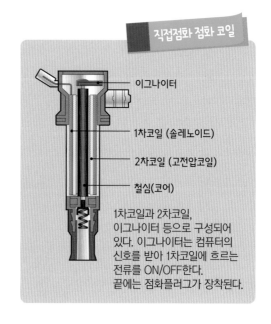

직접점화 점화 코일

1차코일과 2차코일, 이그나이터 등으로 구성되어 있다. 이그나이터는 컴퓨터의 신호를 받아 1차코일에 흐르는 전류를 ON/OFF한다. 끝에는 점화플러그가 장착된다.

■ 상호 유도 작용을 이용한 승압

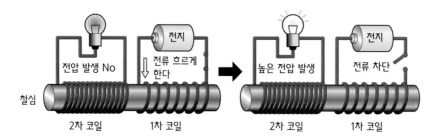

1차 코일에 전류를 흐르게 한 후 차단하는 순간 바로 2차 코일로 전류가 흐른다. 전압은 코일의 권수에 비례하기 때문에 2차 코일의 전압이 높아진다.

③ 점화 플러그

점화 플러그는 접지전극과 중심전극 두 개의 전극 사이에 고전압을 걸어서 방전을 일으킴으로써 압축된 혼합기에 불을 붙인다. 점화 플러그에 공급되는 고전압은 점화 코일에서 만들어져 점화플러그로 직접 보내진다.

점화 플러그는 접지전극이 용접된 하우징과 전압을 중심전극으로 전달하는 중심 도체 및 이것들을 절연하는 애자insulator 등으로 구성되어 있다.

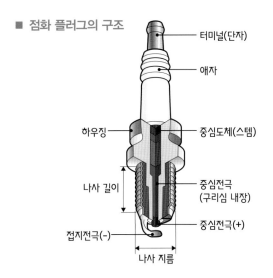

■ 점화 플러그의 구조

- 터미널(단자)
- 애자
- 하우징
- 중심도체(스템)
- 나사 길이
- 중심전극(구리심 내장)
- 접지전극(-)
- 중심전극(+)
- 나사 지름

타이어의 어원?

타이어는 그 어원에 대해서 여러 속설들이 있다. 그 중에서도 가장 정설로 전해지는 한 이야기가 있다.

고무로 된 타이어가 발명되기 전까지 과거의 바퀴는 나무나 철로 된 것이 전부였고 1839년에 가황고무를 발명한 '찰스 굿이어'의 아들인 '찰스 굿이어 주니어'는 아버지가 발명한 고무를 자동차 바퀴에 둘러 지금의 타이어, 고무로 된 바퀴를 탄생시켰다.

1903년 그는 자신이 개발한 고무바퀴에 붙일 이름을 고민하던 중 그에게 딸아이가 '자동차에서 계속 굴러가고 있는 바퀴는 제일 피곤한(Tired) 것 같아요'라고 말했다. 딸이 무심코 내뱉은 말에 그는 '피곤하다'는 영어 단어의 Tired에서 'Tire'라는 단어를 떠올렸고 고무바퀴에 타이어라는 이름을 붙이게

되었다. 한편 과거 마차의 여러 부품을 고무가 '묶는다(Tie)'고해 타이어(Tire)가 파생되었을 것이라는 이야기도 있지만 아직까지 위의 이야기가 정설로 통하고 있다.

12 축전지

전기를 축적하고 엔진 시동시 스타트 모터에 전기를 공급한다.

올터네이터에서 만든 전기를 축적하는 것이 **납축전지**이다. 전해액인 묽은 황산과 이산화납 (+)극 판, (−)극 판 등으로 구성된다. 묽은 황산과 납의 화학반응에 의해 전기를 축적하거나 방출한다. 일반적으로 승용차에서는 DC12V 축전지를 사용한다.

납축전지는 짧은 시간에 많은 전류를 방전하는 성능이 있어서 다양한 환경에서 안정적인 성능을 발휘할 수 있다. 또한 취급하기가 쉽고, 충돌할 경우 가해지는 충격에는 강하기 때문에 이상발생 상황에서의 위험(폭발·화재)도 낮다.

■ **축전지의 구조**

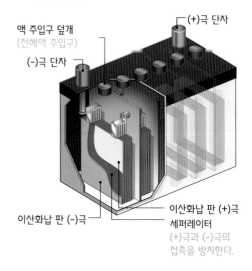

- (+)극 단자
- 액 주입구 덮개 (전해액 주입구)
- (−)극 단자
- 이산화납 판 (−)극
- 이산화납 판 (+)극
- 세퍼레이터 (+)극과 (−)극의 접촉을 방지한다.

축전지의 원리

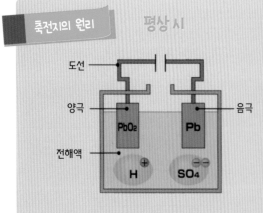

평상시

- 도선
- 양극
- 전해액
- 음극
- PbO₂
- Pb
- H +
- SO₄

전해액 안에서는, 묽은황산(H_2SO_4)이 수소이온(H^+)과 황산이온(SO_4^{2-})으로 전기적으로 분리되어, 각각 양극과 음극 부근에 모여 있다.

방전시

- 전자
- PbO₂
- Pb
- H +
- PbSO₄

도선을 접속하면 황산이온 전자가 음극에서 도선을 통해 양극으로 이동해 수소이온과 화합하려고 한다. 이 과정에서 전류가 만들어진다.

13 충전 장치

크랭크축에서 벨트를 통해 회전하여 발전한다.

① AC 발전기 alternating current generator

AC 발전기는 엔진 옆에 장착하는 발전기이다. 를 줄여 ACG라고도 부른다. 풀리가 벨트를 통해 크랭크축의 회전을 받아 전기를 만든다. 만들어진 교류 전류는 직류 전류로 변환해 축전지나 콘덴서에 충전한다.

요즘은 이것을 구동력으로 삼아 엔진 어시스트에 사용하거나 회생 기능을 갖게 함으로써, 요컨대 하이브리드 차와 같이 만드는 경우도 있다.(마일드 하이브리드).

교류 발전기는 로터와 스테이터의 양측에 코일을 배치하고 로터 코일에는 브러시와 슬립 링을 통해서 축전지의 전력이 공급된다. 엔진의 크랭크축으로부터 구동 벨트를 통해서 로터가 회전하면 회전 자계에 의해서 3개의 스테이터 코일에 유도 전류가 흐르는 삼상 교류가 발전된다.

발전된 삼상 교류는 실리콘 다이오드를 통해서 정류한다. 또 발전 전압은 엔진의 회전수에 따라 변화하므로 IC 조정기에서 로터 코일의 전류를 제어함으로써 발전 전압을 축전지 충전에 적합한 14V를 유지하고 있다.

■ AC 발전기의 구조

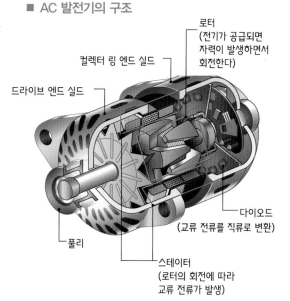

로터
(전기가 공급되면
자력이 발생하면서
회전한다)

컬렉터 링 엔드 실드

드라이브 엔드 실드

다이오드
(교류 전류를 직류로 변환)

풀리

스테이터
(로터의 회전에 따라
교류 전류가 발생)

▲ 마일드 하이브리드 차량용 AC 발전기.
전기 생산 외에, 엔진을 어시스트하는 구동모터나
재시동을 걸 때 스타터 모터로서의 기능도 갖는다.

② 충전 장치의 위치

AC발전기와 스타터 모터는
그 역할 때문에 엔진 바로 옆에 장착된다.
스타터 모터는 플라이휠과
기어로 접속되어 있다.
축전지도 엔진룸 안에
배치되어 있다.

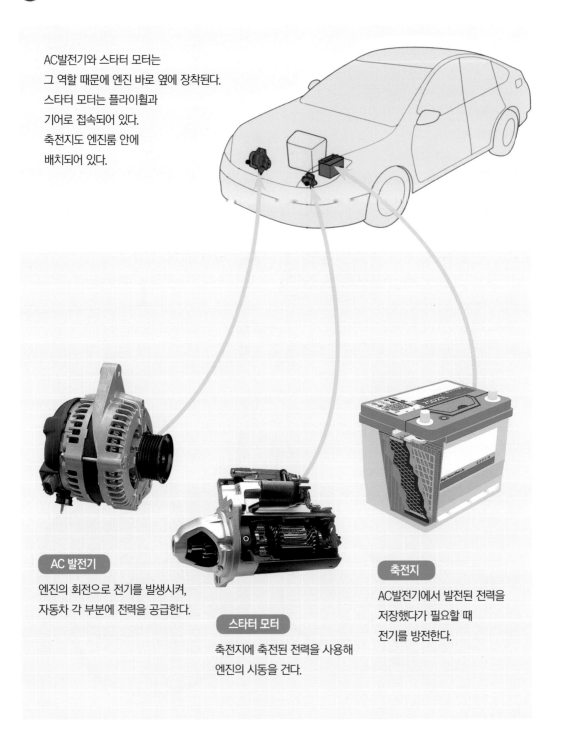

AC 발전기

엔진의 회전으로 전기를 발생시켜,
자동차 각 부분에 전력을 공급한다.

스타터 모터

축전지에 축전된 전력을 사용해
엔진의 시동을 건다.

축전지

AC발전기에서 발전된 전력을
저장했다가 필요할 때
전기를 방전한다.

자동차에도 생일이 있다. 1886년 1월 29일이 바로 자동차의 생일로 일컬어진다. 이날은 독일 기술자 칼 벤츠(1884~1929)가 세계 최초로 완성시킨 원동기 내장 3륜차로 당시 독일 정부로부터 특허를 받은 날이다.

1871년 당시 독일은 몇몇 국가가 프로이센을 중심으로 독일제국으로 통일된 직후로 급속한 근대화가 진행되고 있었다. 18세기 말 영국에서 시작된 산업 혁명이 약 100년의 시간을 거쳐 독일까지 파급되면서 증기기관 도입 등 성과가 결실을 맺기 시작할 무렵이다.

교통수단도 증기 기관차에 이어 새로운 탈 것에 대한 기대가 상당히 높던 시기여서 그 기대에 부응하듯 4사이클 내연기관의 가능성을 찾아내 가솔린 자동차를 발명함으로써 자동차 산업이라는 대규모 기술 혁신의 끈을 당긴 것이 칼 벤츠이다. 칼의 아버지는 당시 선망받는 직업이던 증기 기관차 기관사였다. 칼도 아버지의 영향을 받아 엔지니어를 목표로 그 지역 칼스루에 공대에 입학해 내연기관을 배운 후, 독립한다. 1878년에 2사이클 엔진을 완성한 후 연구 대상을 자동차까지 넓혔다. 그 후 세계 최초의 실용 4사이클 가솔린 엔진 자동차를 발명하고 아내 베르타와 함께 자동차 제작사 벤츠의 기반을 구축한다.

기술적 역사에서 가끔 볼 수 있는데 우연히도 동시대 그것도 같은 독일에서 고틀리프 다임러와 빌헬름 마이바흐가 똑같은 발명을 하고 있던 것이었다. 서로 상대방의 존재를 몰랐던 것 같다.

칼 벤츠는 1879년에 최초의 엔진 관련 특허, 1886년 1월 29일에 최초의 자동차 관련 특허를 취득하는데 이날이 자동차의 생일이 된 것이다.

3

동력
전달 장치

동력 전달장치는 엔진이 만들어 낸 동력을
바퀴까지 전해주는 장치를 말한다.

동력을 손실 없이 어떻게 효율적으로 전달하는가가 중요하다.

제3장에서는
동력 전달을 위해 어떤 연구가 거듭되어 왔으며
동력 전달 장치는 어떤 구조를 가지고 있는지,
또 어떻게 사용되고 있는지에 대해 알아보자.

1 클러치

엔진의 동력을 변속기에 전달 또는 차단한다.

클러치란?

수동변속기에서 기어를 변속하려면 일시적으로 엔진과 변속기를 분리해 기어를 프리하게 할 필요가 있다.

그 때문에 엔진과 변속기 사이에는 동력을 전달 또는 차단하는 장치인 **클러치**가 있고, 조작은 **클러치 페달**로 하게 되어 있다.

모든 조작은 운전자가 해야 하는데, 특히 출발할 때의 액셀러레이터와 클러치 조작에는 숙련이 필요하다.

클러치는 클러치 디스크와 플라이휠을 접속시키거나 분리시키면서 동력전달을 이었다 끊었다 한다. 접속할 때는 엔진과 구동계통이 기계적으로 직접 연결되기 때문에 전달효율이 좋다.

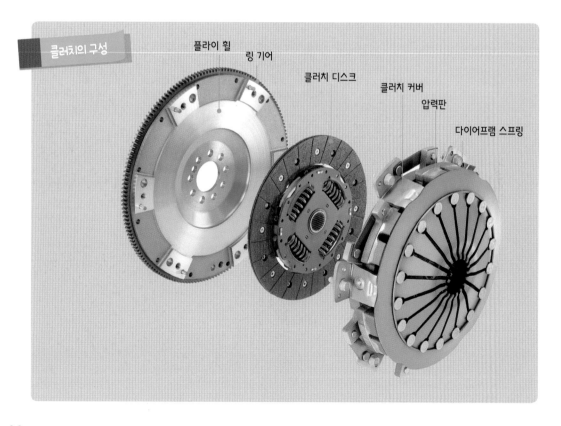

클러치의 구성

플라이 휠 링 기어 클러치 디스크 클러치 커버 압력판 다이어프램 스프링

충돌안전은 **패시브 세이프티**(passive safety)와 **액티브 세이프티**(active safety)로 구분해 사용하고 있다. 패시브 세이프티는 수동적 안전이라고 해서 사고가 일어났을 경우에 인체 등에 대한 영향을 최소한으로 줄이는 기술의 총칭이다. 액티브 세이프티는 능동적 안전 혹은 예방안전이라고 해서 충돌회피 등에 대응하는 기술의 총칭이다.

최근 일본 교통사고자 수는 「자동차 탑승중」과 「보행중」일 때인 경향이 많다. 그 때문에 정부는 패시브 세이프티에 대한 충돌안전기준을 마련해 풀 랩 전면충돌시험, 옵셋 전면충돌시험, 측면충돌시험, 보행자 보호시험 등을 규정하고 있다.

또한 충돌안전기준 이외에 국토교통성과 자동차 사고 대책기구는 현재 시판되고 있는 자동차의 안전성능에 대해 시험을 통해 평가하고, 그 결과를 자동차 관리기관으로서 공표하고 있다. 자동차 관리기관의 목적은 사용자가 더 안전한 자동차를 선택할 수 있도록, 또한 자동차 메이커가 더 안전한 자동차를 개발할 수 있도록 유도함으로써 안전한 자동차 보급을 촉진시키는데 있다.

자동차 관리기관은 그런 목적을 위해 충돌안전기준을 통과한 승용차에 대해서도 더 엄격한 조건으로 테스트를 실시하여 차종에 의한 차이가 쉽게 나오도록 민든 다음, 그 릴피를 룽표하고 있다. 또한 자동차 관리기관의 일환으로 어린이용 좌석의 안전성능 비교시험(전면충돌시험, 사용성 평가시험)을 어린이 좌석 관리기관으로서 실시하고 있다. 한편 액티브 세이프티도 브레이크 성능 자체의 성능시험이나 근래 주목 받고 있는, 사고를 피하기 위한 충돌피해 경감 브레이크 성능, 차선 이탈 경보 등에 대해서도 시험을 통해 평가하고, 그 결과를 자동차 관리기관으로서 공표하고 있다.

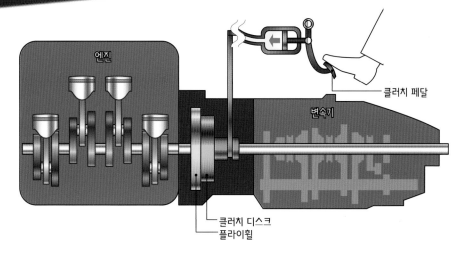

엔진

변속기

클러치 페달

클러치 디스크
플라이휠

■ **클러치 페달** 클러치 페달을 밟으면 클러치 디스크와 플라이휠이 분리된다. 클러치 페달에서 발을 떼면 클러치 디스크와 플라이휠이 접속하면서 동력이 전달된다.

클러치
연결

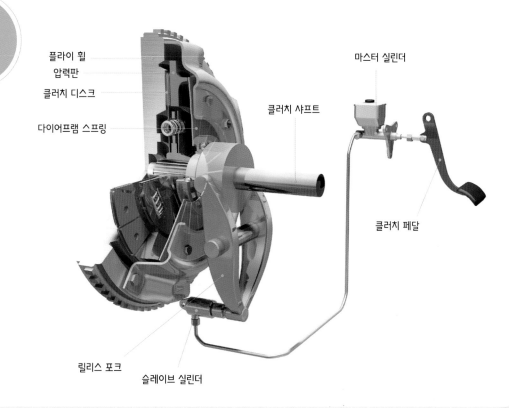

플라이 휠
압력판
클러치 디스크

다이어프램 스프링

클러치 샤프트

마스터 실린더

클러치 페달

릴리스 포크

슬레이브 실린더

■ 클러치 댐퍼

끝까지 밟았던 클러치 페달을 서서히 되돌려 클러치 디스크와 압력판이 눌리는 과정에서 엔진의 토크에 변동이 생기며, 이 힘이 클러치에 가해진다. 이때 파손 등의 위험을 피하기 위하여 토크 변동에 따른 충격을 완화하는 기구를 클러치 댐퍼라고 한다. 3~4개의 토션 스프링, 부동 쿠션, 콘 스프링 등으로 구성되며, 토크 변동을 완화함으로써 발생하는 진동, 소음 등도 줄어든다.

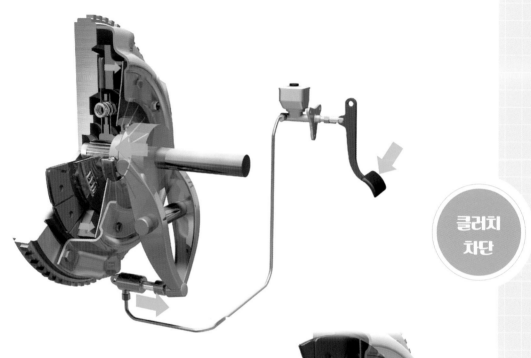

클러치
차단

■ 클러치 시스템

클러치 커버 어셈블리 중에서, 전단부의 커버와
후단부의 압력판 사이에 클러치 디스크 어셈블리가
설치되어 있다. 보통 다이어프램 스프링의 힘으로
압력판을 클러치 디스크를 누르고 있어,
엔진의 동력을 변속기로 전달한다.
클러치 페달을 밟으면, 릴리스 포크가
다이어프램 스프링을 밀어 넣어
압력판과 클러치 디스크를 떨어지게 된다.
페달의 밟는 정도에 따라 떨어지고 붙는 정도를
조절하는 것도 가능하다.
출발시 이용하는 이런 상태를 「반 클러치」라고 한다.

2 수동 변속기

엔진의 동력을 주행 상황에 알맞은 속도로 변속한다.

수동 변속기

자동차는 출발할 때나 주행할 때처럼 순간마다 요구되는 마력이 달라진다. 그 때문에 상황에 따라 타이어의 회전력(토크)을 얻기 위해 회전수를 바꿀 필요가 있는데, 그것을 담당하는 장치가 **변속기**이다. 수동으로 변속하는 것을 **매뉴얼 변속기**(MT)라고 하며, 일반적으로 감속비가 다른 기어 세트를 변속 기어 단수와 똑같이 가지면서, 클러치를 매개로 엔진과 연결된다.

변속 기어 단수는 4~6단+후진 1단이 일반적이며, 변속은 변속 레버로 조작한다.

■ 회전수와 토크의 변화

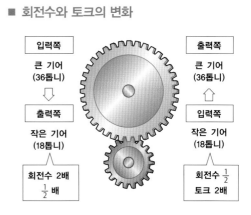

입력쪽		출력쪽
큰 기어 (36톱니) ⇩		큰 기어 (36톱니) ⇧
출력쪽		입력쪽
작은 기어 (18톱니)		작은 기어 (18톱니)
회전수 2배 $\frac{1}{2}$ 배		회전수 $\frac{1}{2}$ 토크 2배

회전을 전달하는 입력쪽과 회전을 전달받는 출력쪽의 회전수와 토크 변화는 반비례한다.

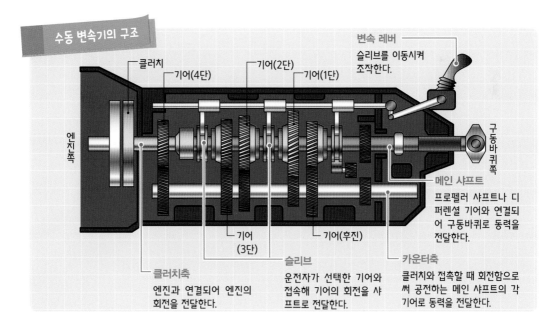

수동 변속기의 구조

클러치

기어(4단)

기어(2단)

기어(1단)

변속 레버
슬리브를 이동시켜 조작한다.

엔진쪽

구동바퀴쪽

메인 샤프트
프로펠러 샤프트나 디퍼렌셜 기어와 연결되어 구동바퀴로 동력을 전달한다.

기어(3단)

기어(후진)

카운터축
클러치와 접촉할 때 회전함으로써 공전하는 메인 샤프트의 각 기어로 동력을 전달한다.

클러치축
엔진과 연결되어 엔진의 회전을 전달한다.

슬리브
운전자가 선택한 기어와 접속해 기어의 회전을 샤프트로 전달한다.

중립

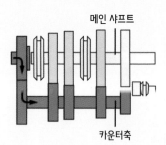

메인 샤프트

카운터축

엔진회전은 적색과 황색 부분으로
전해지고 있다.
백색부분은 정지해 있다.

1단

슬리브

엔진 샤프트의 슬리브가
1단 기어에 접속되면 회전이
샤프트로 전해진다.

2단

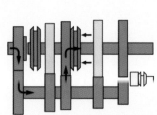

슬리브가 2단 기어에 접속된 상태.
1단 기어보다 변속비가 낮다.

3단

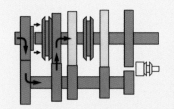

왼쪽 슬리브가 3단 기어에
접속해 있다.
1단·2단 기어는 공전하고 있다.

4단

엔진 회전이 변속되지 않고
그대로 전해지고 있는 상태.
변속비는 1.

5단

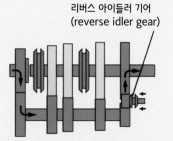

리버스 아이들러 기어
(reverse idler gear)

리버스 아이들러 기어가
1맞물림으로써 역회전이 된다.

■ 회전을 전달하고 있는 부분   □ 공전하고 있는 부분

3 자동 변속기

자동 변속기는 변속기 부분과 클러치 부분의 작동이 자동으로 이루어진다.

① 자동 변속기의 기능

수동 변속기는 수동으로 변속을 조작하기 위해 숙련과 테크닉이 필요하지만, 자동변속기(AT)는 자동적으로 변속을 하기 때문에 운전 테크닉이 크게 필요 없다.

현재의 대부분 자동 변속기는 토크 컨버터 방식 오토매틱 변속기을 사용하고 있어서, 주로 **토크 컨버터와 유성기어**Planetary Gear라고 하는 부변속기로 구성되어 있다. 이것들을 ECU와 유압

등으로 제어함으로써 자동 변속을 하는 것이다. 토크 컨버터는 수동 변속기의 클러치 역할과 토크를 증폭시키는 역할을 하는데, 엔진 동력을 부변속기로 전달한다.

■ AT의 구성

토크 컨버터
변속기구(유성기어 등)
엔진쪽
구동바퀴쪽
유압 제어 기구

엔진에 접속

유성 기어식 부변속기
유성 기어의 조합으로 단계적으로 변속한다.

디퍼렌셜 기어에 접속

토크 컨버터
오일의 흐름을 이용해 엔진 회전을 서서히 전달하는 기구. 토크를 증대시키는 역할도 있다.

유압 제어 기구
AT제어를 위해 유압을 보내는 기구.

❷ 토크 컨버터의 원리와 구조

토크 컨버터는 자동 변속기(AT) 오일을 사용해 엔진 동력을 부변속기로 전달한다. 입력 쪽의 **펌프 임펠러**, 출력 쪽의 **터빈 러너**, 스테이터로 구성되며, 펌프 임펠러가 회전하면 오일이 터빈 러너로 이동하면서 터빈 러너가 돌아간다.

브레이크를 밟은 상태에서도 펌프 임펠러와 터빈 러너 사이의 오일이 미끄러지면서 마찰이 일어나기 때문에 엔진 회전을 계속한다. 그 때문에 브레이크 페달을 약하게 밟으면 액셀러레이터를 밟지 않아도 천천히 움직인다(크리프 현상). 또한 입력 쪽과 출력 쪽의 회전 차이로 인해 토크의 증폭작용이 발생한다. 출발할 때 엔진회전 이상의 토크를 얻을 수 있는 것은 이 때문이다.

■ 토크 컨버터의 원리

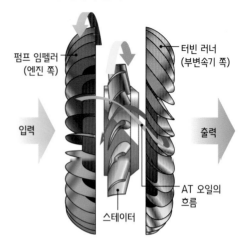

펌프 임펠러
(엔진 쪽)

터빈 러너
(부변속기 쪽)

입력

출력

AT 오일의
흐름

스테이터

오일이 펌프 임펠러와 터빈 러너를 순환하는 동안에 토크가 증폭한다. 또한 입력 쪽과 출력 쪽 사이에 오일이 있기 때문에 동작에 유연성이 있어서 자동으로 접속한다. 회전수가 상승해 펌프 임펠러와 터빈 러너의 회전수가 똑같아지면 2개를 연결하여 엔진 회전을 그대로 전달하는 기구(Lock-up)를 가진 AT도 있다.

토크 컨버터의 구조

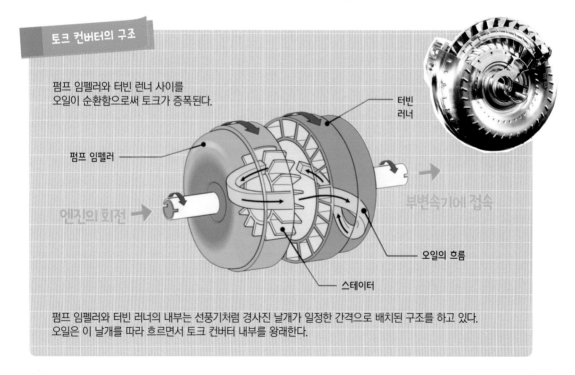

펌프 임펠러와 터빈 러너 사이를
오일이 순환함으로써 토크가 증폭된다.

터빈
러너

펌프 임펠러

부변속기에 접속

엔진의 회전

오일의 흐름

스테이터

펌프 임펠러와 터빈 러너의 내부는 선풍기처럼 경사진 날개가 일정한 간격으로 배치된 구조를 하고 있다.
오일은 이 날개를 따라 흐르면서 토크 컨버터 내부를 왕래한다.

③ 유성 기어

토크 컨버터에서 할 수 없는 세밀한 변속은 부변속기인 유성 기어에서 한다. 유닛 하나는 가운데 있는 **선 기어**sun gear, 외주에 있는 **링 기어**ring gear, 선 기어와 링 기어 사이에 배치된 **유성기어**planetary gear, 그리고 유성 기어의 공전운동을 지지하는 **유성 캐리어**planetary carrier 4가지 부품으로 구성되어 있다.

이 부품들을 고정하거나 입력•출력을 바꿈으로써 변속하거나 후진한다. 유성 기어 방식 부변속기는 유압으로 제어하기 때문에 AT에는 유압 제어 기구도 장착되어 있다.

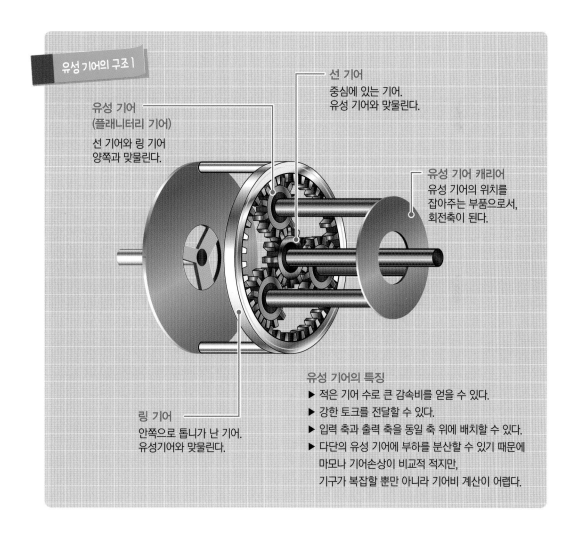

유성 기어의 구조 1

유성 기어
(플래니터리 기어)
선 기어와 링 기어 양쪽과 맞물린다.

선 기어
중심에 있는 기어.
유성 기어와 맞물린다.

유성 기어 캐리어
유성 기어의 위치를 잡아주는 부품으로서, 회전축이 된다.

링 기어
안쪽으로 톱니가 난 기어.
유성기어와 맞물린다.

유성 기어의 특징
▶ 적은 기어 수로 큰 감속비를 얻을 수 있다.
▶ 강한 토크를 전달할 수 있다.
▶ 입력 축과 출력 축을 동일 축 위에 배치할 수 있다.
▶ 다단의 유성 기어에 부하를 분산할 수 있기 때문에 마모나 기어손상이 비교적 적지만, 기구가 복잡할 뿐만 아니라 기어비 계산이 어렵다.

■ 유성 기어의 작동 방식

고정	유성 기어 캐리어
입력	선 기어
출력	링 기어

유성기어가 자전한다.
(공전은 하지 않음)
링 기어는 선 기어에 대해 감
속하면서 후진한다.

고정	선 기어
입력	링 기어
출력	유성 기어

유성기어가 자전하면서
선 기어 주변을 공전한다.
유성기어 캐리어는 유성 기어가
자전하는 양만큼 감속한다.

고정	선 기어
입력	유성 기어
출력	링 기어

유성기어가 자전하면서
선 기어 주변을 공전한다.
링 기어는 유성기어가
자전하는 양만큼 증속한다.

유성 기어의 구조 2

피니언 기어

| 입력되는 축 | 출력되는 축 | 고정되어 있는 축 |

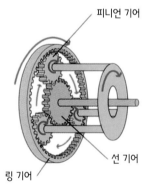

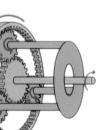

선 기어

링 기어

선 기어의 축이 고정된 상태에서
링 기어의 축을 회전시키면
피니언 기어는 자전하면서
선 기어의 주변을 회전한다.

피니언 기어의 축이 고정된 상태에서
선 기어의 축을 회전시키면
링 기어는 선 기어와 반대방향으로
회전한다.

링 기어의 축이 고정된 상태에서
선 기어의 축을 회전시키면
피니언 기어는 자전하면서
선 기어 주변을 회전한다.

4 CVT
Continuously Variable Transmission

CVT는 두 개의 풀리의 홈 폭을 변화시켜 변속한다.

1 CVT의 기능

강력한 주행과 연비향상을 양립시키기 위한 변속기로 CVT가 있다.

MT나 AT는 기어를 이용해 단계적으로 변속을 하지만 CVT는 풀리와 벨트(체인)를 사용해 무단계로 변속한다(벨트방식 CVT). 2개의 풀리 사이를 벨트나 체인으로 연결해 풀리의 홈 폭을 연속적이고 무단계로 변화시켜 변속하는 구조이다.

전달효율이 좋고 토크가 나오는 엔진 회전수를 효율적으로 사용할 수 있으므로 힘 있는 주행과 연비향상이 동시에 가능하다. 또한 엔진회전과 감속비를 무단계로 제어할 수 있기 때문에 매끄럽게 주행한다.

최근에 벨트나 체인으로의 부하를 줄이거나 출발할 때의 토크를 보완하기 위해 토크 컨버터를 사용하는 경우가 많아졌다. 비용과 무게가 과제이긴 하지만 연비와 주행 감각 양쪽을 더 향상시킬 수 있다.

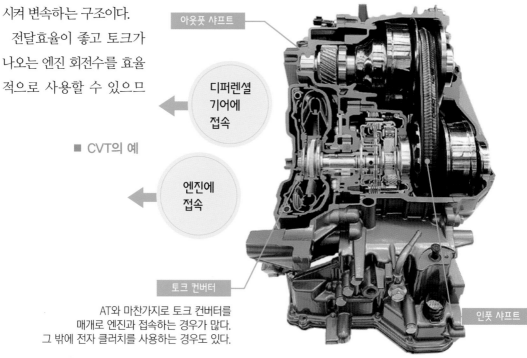

아웃풋 샤프트

디퍼렌셜 기어에 접속

■ CVT의 예

엔진에 접속

토크 컨버터

인풋 샤프트

AT와 마찬가지로 토크 컨버터를 매개로 엔진과 접속하는 경우가 많다. 그 밖에 전자 클러치를 사용하는 경우도 있다.

② 벨트 방식 CVT

CVT에서는 엔진 출력에 맞는 최적의 변속비가 자동적으로 선택된다. 그 때문에 엔진이 가진 성능을 최대한으로 살릴 수 있으며, 연비 향상이나 신속한 가속 등이 가능하다. 현재 실용화되어 있는 CTV에는 **벨트 방식 CVT**와 **파워 롤러 방식 CVT**가 있다. 벨트 방식 CVT는 금속 벨트를 2개의 풀리에 감고 각각 원의 직경을 바꾸는 식으로 변속을 한다.

■ **벨트 방식 CVT의 구조**

구동바퀴로의 출력 쪽 풀리

금속 벨트

엔진에서의 입력 쪽 풀리

◀ CVT의 주류인 벨트 방식 CVT.
2개의 풀리 간격을 넓히거나 좁혀,
벨트가 걸린 부분의 직경을 변화시킴으로서
무단계로 감속비에 변화를 준다.

원의 직경을 바꾸는 구조

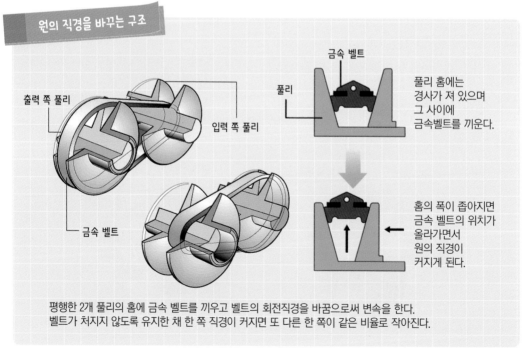

출력 쪽 풀리

입력 쪽 풀리

금속 벨트

금속 벨트

풀리

풀리 홈에는
경사가 져 있으며
그 사이에
금속벨트를 끼운다.

홈의 폭이 좁아지면
금속 벨트의 위치가
올라가면서
원의 직경이
커지게 된다.

평행한 2개 풀리의 홈에 금속 벨트를 끼우고 벨트의 회전직경을 바꿈으로써 변속을 한다.
벨트가 처지지 않도록 유지한 채 한 쪽 직경이 커지면 또 다른 한 쪽이 같은 비율로 작아진다.

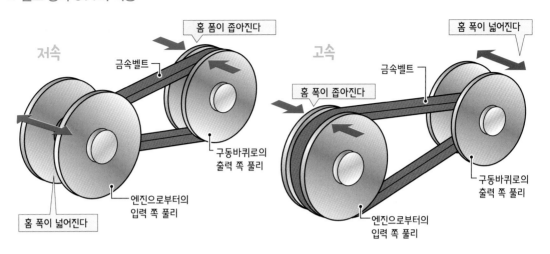

저속

홈 폼이 좁아진다

금속벨트

구동바퀴로의
출력 쪽 풀리

엔진으로부터의
입력 쪽 풀리

홈 폭이 넓어진다

고속

홈 폭이 넓어진다

금속벨트

홈 폭이 좁아진다

구동바퀴로의
출력 쪽 풀리

엔진으로부터의
입력 쪽 풀리

저속으로 주행할 때는 엔진으로부터의 입력 쪽 풀리 간격은
넓어지고, 금속 벨트가 걸려 있는 직경은 작아진다.
구봉바퀴로의 출력 쪽 풀리는 간격이 좁아지고,
금속 벨트가 걸려 있는 직경은 커진다.

고속으로 주행할 때는 엔진으로부터의 입력 쪽 풀리 간격은
좁아지고, 금속 벨트가 걸려 있는 직경은 커진다.
구동바퀴로의 출력 쪽 풀리는 간격이 넓어지고,
금속 벨트가 걸려 있는 직경은 작아진다.

③ 파워 롤러 방식 CVT

　파워 롤러 방식 CVT는 2개의 파워 디스크에
파워 롤러를 접속시켜 롤러의 각도를 바꿈으로
써 변속하는 구조다.

2개의 파워 롤러를 사용해 입력 디스크에서
출력 디스크로 회전을 전달한다.
파워 롤러의 각도에 따라 입력 디스크와
출력 디스크가 회전하는
원의 직경이 바뀌면서 변속을 하게 된다.

파워 롤러
입력 쪽 풀리　출력 쪽 풀리

하프

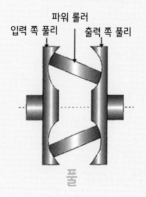

파워 롤러
입력 쪽 풀리　출력 쪽 풀리

풀

5 DCT Dual Clutch Transmission

두 개의 클러치를 이용, 홀수 단수와 짝수 단수를 분리하여 자동 변속한다.

① DCT의 기능

DCT의 구조는 수동 변속기와 마찬가지로 클러치나 기어를 갖고 있다. 클러치는 2개의 자동 클러치가 있는데, 메인 샤프트는 홀수 단수와 짝수 단수 2가지로 나뉘어 있어서 다음 기어를 사전에 세팅해 클러치를 서로 자동으로 연결함으로써 신속한 변속이 가능하다.

또한 기어가 기계적으로 맞물리기 때문에 전달효율도 좋고, 연비가 좋은 것도 특징이다. 수동변속기처럼 다이렉트 느낌을 주는 가속이 가능하고 연비도 좋기 때문에 근래에 탑재하는 자동차가 많아졌다. 마찬가지로 클러치 조작을 자동화한 것으로 세미 자동변속기가 있는데, 이것은 클러치가 1개이기 때문에 변속할 때 일시적으로 토크가 바퀴로 전달되지 않는다.

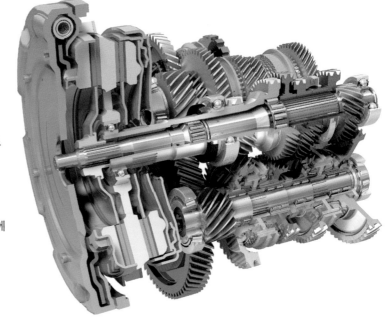

■ **동일 직경의 종렬 배치 구조**

2조의 클러치 세트를 같은
사이즈로 종렬 배치한 예이다.
같은 직경인 점에서
홀수단과 짝수단의 클러치 용량에
차이가 없으며 습식이라면
윤활성능에서도 동등함을
기대할 수 있는 것이 이점이다.
각각의 클러치 세트는
중심의 중간판을 향해서 압착된다.
그러므로 압력판도 2조, 스프링도 2조이다.

② DCT의 구조

이 케이스 내에 클러치 유닛이
들어 있다. 이 부분이 엔진으로부터
동력을 전달 받는다.

디퍼렌셜 기어를 내장
한 출력측 샤프트. 이
큰 기어가 종감속 기
어이며 모든 기어단이
최종적으로 이 기어의
감속비에 따라 감속되
기 때문에 튼튼하게
만들어져 있다.

「비틀림율」은 동일하고 기어잇수만이
다른 기어의 예이다. 각 기어단의 변속비에
따라서 기어잇수가 변하는 것을, 이 3개
축의 기어에서 알 수 있다.

비교적 「비틀림율」이 작은
기어이지만, 직경이 작기 때문에
기어 직경에서 차지하는 기어이
높이의 비율은 크다.

변속용 포크가 이 링을 옆으로 밀어서
기어를 선택한다. 링 양측에 보이는
작은 기어이는 싱크로나이저(동기기구)이다.

③ DCT의 작동

　흑색은 출력 쪽을, 청색과 적색은 홀수 단수
와 짝수 단수의 클러치와 기어, 축을 나타낸다.
예를 들면, 3단으로
주행하고 있을 때(홀
수 단수[청]의 클러
치가 입력 쪽[흑]과
연결되어 있을 때),
짝수 단수(적)는 클
러치가 연결되어 있
지 않기 때문에 다
음 4단과 접속한 상
태로 기다리게 된다.

　그 후 홀수 단수[청]의 클러치를 끊고 짝수 단
수(적)로 연결하면 바로 4단으로 들어가게 된다.

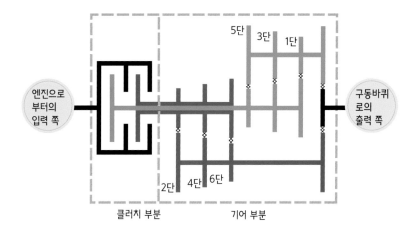

엔진으로
부터의
입력 쪽

구동바퀴
로의
출력 쪽

5단　3단　1단

2단　4단　6단

클러치 부분　　　기어 부분

변속전의 토크 흐름(Torque Flow)

삽화의 트랜스미션에서는 엔진으로부터의 토크는 메인 샤프트를 통하여 카운터 샤프트 상의 기어로 전달되고, 다시 짝이되는 샤프트 상의 기어로 전달되는 구성이다. 횡배치이므로 흐름의 방향이 변하며, 아울러 조금은 복잡하지만, 동기치합 기구에 주목하여 보길 바란다.

변속 개시, 슬리브의 이동

상향변속 할 때를 예로 설명한다. 클러치를 끊으면 엔진에서의 토크가 기어에 전달되지 않게 하기 때문에, 슬리브의 스플라인(Spline)을 기어의 스플라인에 밀어붙이는 회전방향의 힘이 약해진다. 이때에 변속 기구를 조작하면, 스플라인의 감합이 풀려 슬리브를 반대방향으로 움직이게 하는 것이 가능해진다.

싱크로나이저의 작동

슬리브가 반대쪽의 기어를 향해서 움직여나감에 따라 싱크로나이저 링을, 기어 측면에 일체화 되어 있는 싱크로나이저 콘으로 밀어붙여 나간다.
링과 콘 사이에서 생기는 마찰에 의하여 축 전체의 회전을 감속시킨다. 하향변속 시에는 반대로 증속시키는 움직임이 된다.

슬리브와 기어 체결, 변속 완료

축의 회전수가 감소되어 허브+슬리브 측의 회전수에 가까워지면, 스플라인의 선단끼리 접촉을 시작하며 감합하기 쉬운 상태를 만들기 시작한다.
회전이 동기하면 자연스레 감합하기 때문에 그 위치에서 슬리브가 고정되어 변속이 종료된다.

감합(嵌合) : 기어의 각 부분이 맞물리는 상태

6 종감속 기어와 차동 기어

최종 감속하여 좌우 드라이브 샤프트로 전달한다.

1 동력을 타이어로 전달하는 구동 시스템

엔진의 동력을 구동바퀴로 전달하는 구동 부품을 **파워트레인**Power Train이라고 부른다. 변속기 외에 드라이브 샤프트나 종감속 기어와 차동기어가 있으며, FR방식 같은 경우는 프로펠러 샤프트도 있다.

FF방식에서는 변속기 안에 종감속 및 차동 기어가 내장되어 있기 때문에 동력을 변속기에서 바로 드라이브 샤프트로 전달한다. 드라이브 샤프트는 최종적으로 회전을 구동바퀴로 전달하는 회전축이다.

FR방식의 경우는 구동바퀴가 후륜이기 때문에 리어 부분까지 동력을 전달하기 위해 프로펠러 샤프트가 필요하다. 프로펠러 샤프트는 리어 부분에 배치된 종감속 기어에 연결되어 있는데, 차동 기어에서 좌우로 분할된 동력이 드라이브 샤프트로 전달된다.

구동
피니언 기어

링 기어

차동
사이드 기어

차동
피니언 기어

2 프로펠러 샤프트

프로펠러 샤프트는 FR방식에서 사용하는데, 변속기에서 종감속 기어로 동력을 전달한다. 가벼우면서 비틀림 강성과 굴절 강도가 요구되므로 일반적으로 강관을 사용한다.

변속기와 종감속 기어가 접속하는 부분은 주행할 때 진동에 따른 샤프트 각도가 바뀌는데 대응하기 위해 유니버설 조인트로 되어 있다. 프로펠러 샤프트를 길게 할 필요가 있을 때는 여

러 개로 나눈 다음 중간부분에 베어링을 사용해 보디에 지지한다. 최근에는 경량화를 목적으로 탄소섬유강화 플라스틱 제품의 프로펠러 샤프트도 사용하고 있다.

■ 프로펠러샤프트(후륜구동)의 구조

종감속 기어

프로펠러샤프트

변속기

유니버설 조인트

③ 드라이브 샤프트

드라이브 샤프트는 최종적으로 동력을 구동 바퀴에 전달하는 회전축으로서, 차동 기어 장치의 사이드 기어에 연결되어 있다. FF방식에서는 변속기 안의 사이드 기어에서 앞바퀴의 허브로, FR방식에서는 뒷바퀴 좌우중앙의 사이드 기어에서 뒷바퀴 허브로 동력을 전달한다. 바퀴와 연결되는 드라이브 샤프트는 위아래로 움직이거나, 신축이 필요하기 때문에 양쪽 끝에 등속조인트가 장착되어 있다. 샤프트 부분은 비틀림 강도와 강성이 필요하다.

■ 드라이브 샤프트(전륜구동) 샘플

드라이브 샤프트 양쪽 끝에 장착되어 있는 등속조인트와 중간 샤프트로 구성되어 있다. 사진 왼쪽은 허브와 연결되며, 오른쪽이 사이드 기어와 연결된다.

타이어 주변을 연결하는 너클

휠에 고정된 허브와 서스펜션 암이나 쇽업소버, 타이로드 엔드를 연결하는 부품으로, 바퀴를 지지하는 것이 너클이다.

허브로 동력을 전달하는 드라이브 샤프트는 너클 안쪽을 지나 허브로 들어간다. 또한 브레이크도 너클에 장착된다. 타이어 주변의 다양한 부품을 연결하고 또한, 차체 무게가 걸리는 부분이기 때문에 상당히 튼튼하게 만들어져 있다.

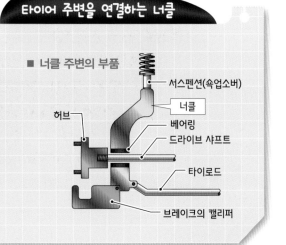

■ 너클 주변의 부품

서스펜션(쇽업소버)

너클

허브

베어링

드라이브 샤프트

타이로드

브레이크의 캘리퍼

④ 종감속 기어와 차동 기어

자동차를 움직이려면 큰 토크가 필요하다. 토크는 회전수를 낮추면 커지기 때문에 변속기 이후, 단계적으로 감속해 나가다가 종감속 기어에서 최종적으로 감속한다. 종감속 기어는 드라이브 피니언 기어와 링 기어로 구성되어 있으며, 대개 차동 기어와 일체구조를 하고 있다.

차동 기어의 역할은 자동차가 선회할 때, 좌우 타이어에 회전속도 차이를 주는 것이다.

자동차가 선회할 때는 바깥쪽 타이어가 안쪽 타이어보다 이동거리가 길기 때문에 바깥쪽 타이어는 빠르게, 안쪽 타이어는 느리게 회전할 필요가 있다.

■ 차동 기어의 작동

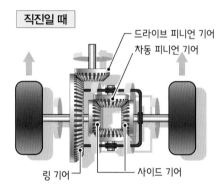

직진일 때

드라이브 피니언 기어
차동 피니언 기어
링 기어
사이드 기어

지면에서 전해지는 저항은 좌우 타이어가 같기 때문에 피니언 기어는 공전하고, 링 기어의 회전이 그대로 사이드 기어로 전해진다. 좌우 타이어의 회전속도는 똑같다.

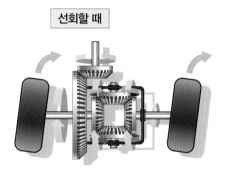

선회할 때

좌우 타이어가 지면으로부터 받는 저항에 차이가 발생한다. 그러면 차동 피니언 기어는 자전하고, 사이드 기어에 의해서 바깥쪽 타이어의 회전 속도는 빠르고, 안쪽 타이어 회전 속도는 느려지게 된다.

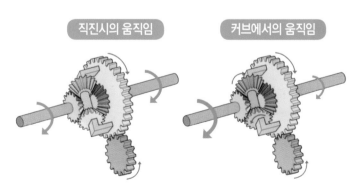

직진시의 움직임　　　　**커브에서의 움직임**

커브를 돌 때는 좌우 타이어가 지면에서 받는 저항의 차이가 생기므로 차동 피니언 기어가 자전한다. 그 결과 바깥쪽 바퀴의 회전수가 많아진다.

7 휠

정식으로는 디스크 휠이라고 하며, 타이어와 함께 바퀴를 구성한다.

1 휠의 기능과 구조

휠은 바퀴의 형상을 만들고, 타이어와 함께 자동차의 중량을 지지한다. 또한 드라이브 샤프트의 회전을 타이어에 전달한다. 쉽게 변형되지 않도록 내충격성과 내피로성이 있으며, 휠의 디자인은 패션 감각을 크게 좌우한다는 것도 큰 특징이다.

무게가 가벼운 휠이 타이어 전체의 움직임을 좋게 하기 때문에 휠의 경량화는 중요하다.

휠은 크게 2개의 구조로 이루어진다. 하나는 허브와 휠을 볼트로 고정해 연결하고 또 림을 받쳐주는 디스크 부분과, 또 하나는 타이어를 받쳐주는 림 부분이다.

스틸 휠은 일반적으로 디스크 부분과 림 부분 2피스 구조를 하고 있지만, 알루미늄 휠 등에서는 3피스 구조인 것도 있다.

휠의 구조

디스크 부분　림 부분

디스크 부분　　　　림 부분

디스크 부분　바깥쪽 림 부분　안쪽 림 부분

1피스 구조
림 부분과 디스크 부분이 하나로 만들어진 휠이다. 스포츠카 휠에 많은 구조이다. 정밀도가 뛰어나고 가벼운 것이 특징이다.

2피스 구조
림 부분과 디스크 부분을 용접한 구조. 최근의 주류로서, 디스크 부분의 디자인이나 휠 옵셋의 활용도가 높다.

3피스 구조
바깥쪽 림 부분·안쪽 림 부분·디스크 부분을 피어스 볼트로 고정해 조립한 구조. 디자인의 다양성이 가장 높다.

림 부분
타이어를 장착시켜
유지하는 부분

디스크 부분
드라이브샤프트 끝의
허브를 볼트로 고정해
휠과 연결하는 부분.
또한 림을 받쳐준다.

② 휠의 종류와 명칭

휠은 그 재질에 따라 분류할 수 있다. 크게는 스틸 휠과 경합금 휠
로 나누며, 경합금 휠은 알루미늄 휠과 마그네슘 휠이 있다.

스틸 휠

스틸 휠은 알루미늄 휠에 비해 가격이 싸다. 프레스 가공을 통해
강판으로 디스크 부분을 성형하고, 이것을 림 부분과 용접해 제조
한다. 또한 림 부분과 디스크 부분을 하나로 성형하는 공법도 있
다. 중량은 경합금 휠에 비해 무겁다. 캡을 닫아 디자인에 변화를 주
는 경우가 많다.

▲ 스틸 휠

알루미늄 휠

알루미늄 휠은 바퀴의 구성요소인 림, 스포크, 허브를 모두 또는
대부분을 알루미늄 합금으로 만든다. 구조적으로는 1피스, 2피스,
3피스가 있으며, 후자로 갈수록 비싸고 가볍다. 제조방법은 주조와
단조가 있는데, 단조 쪽이 가볍고 강도가 뛰어나지만 비싸다.

▲ 알루미늄 휠

마그네슘 휠

마그네슘 휠은 알루미늄 휠보다 가벼워 주행성능과 연비성능 향
상을 기대할 수 있다. 그러나 가격이 비싸고 취급이 어렵기 때문에
일반적이지는 않다. 일부 레이스 카 등에서 주로 사용한다.

▲ 마그네슘 휠

■ 휠 각부의 명칭

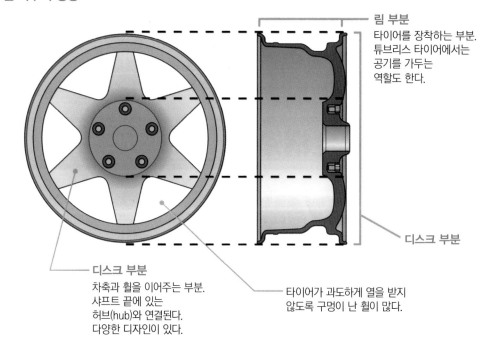

림 부분
타이어를 장착하는 부분.
튜브리스 타이어에서는
공기를 가두는
역할도 한다.

디스크 부분

디스크 부분
차축과 휠을 이어주는 부분.
샤프트 끝에 있는
허브(hub)와 연결된다.
다양한 디자인이 있다.

타이어가 과도하게 열을 받지
않도록 구멍이 난 휠이 많다.

일반적인 승용차 휠의 사이즈 표기를 소개한다

$$\underset{①}{\underline{18}} \times \underset{②}{\underline{7.5}} \quad \underset{③}{\underline{J}} \; \underset{④}{\underline{5}} - \underset{⑤}{\underline{114.3}} + \underset{⑥}{\underline{50}}$$

휠의 사이즈 표기

① **림 지름** : 림의 직경은 인치로 표기. 림 지름과 타이어 내경이 똑같
  은 타이어를 결합할 수 있음.
② **림 폭** : 림 폭은 인치로 표기. 소수점 이하가 1/2로 표시되어 있는
  경우 0.5인치를 의미. 규정된 적용 폭의 타이어를 결합할 수 있음.
③ **플랜지 형상** : 림 끝의 형상을 J, JJ, B 등의 규격으로 나타냄. 림 폭
  이 몇 J로 표시되어 있는 것은, 몇 인치의 J플랜지 형상이라는 의미.
④ **구멍 수(Hole수)** : 볼트의 구멍 수.
⑤ **P.C.D(Pitch Circle Diameter)** : 볼트 구멍 피치원 직경(볼트 구멍
  사이의 거리), mm로 표기.
⑥ **휠 옵셋** : 림의 중심선부터 허브 접촉면까지의 거리. mm로 표기.
  중심선보다 바깥쪽이 +, 안쪽이 −가 된다.

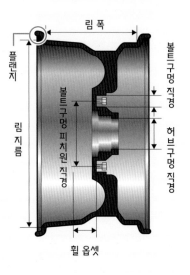

림 폭

플랜지

볼트구멍 직경

볼트구멍 피치원 직경

허브구멍 직경

림 지름

휠 옵셋

8 타이어

타이어는 자동차의 무게를 지지하며 구동, 제동, 완충 기능을 한다.

1 타이어의 기능과 구조

타이어는 크게 탑승객이나 화물 외에 자동차 자체의 무게를 지탱하는 하중 지지 기능, 출발이나 가속할 때 동력과 브레이크의 힘을 노면에 전달하는 제동·구동 기능, 주행 중에 노면으로부터 전달되는 충격을 흡수해 완화시키는 완충 기능, 생각한 방향으로 나아가고 그 진로를 유지하는 진로유지 기능 등 4가지 역할이 있다.

고속회전이나 열, 충격, 변형에 노출되는 타이어는 강하고 질기며 한편으로는 탄력성도 필요하기 때문에 구조가 고무 외에 와이어, 섬유 등과 복잡하게 결합되어 있다.

또한 노면과 접촉하는 부분에는 **트레드 패턴**이라고 하는 모양이 파여 있어서 구동력·제동력 등을 노면에 전달하는 것 외에, 슬립이나 옆으로 미끄러지는 것을 억제해 조종 안정성을 향상시킨다. 또한 타이어는 연비 성능에도 큰 영향을 끼친다.

트레드 패턴

리브 타입(Rib Type)
포장도로와 고속도로에 적합한 패턴으로, 직진 안정성과 배수성 등의 균형이 좋기 때문에 일반적으로 많이 사용한다.

러그 타입(Rug Type)
비포장도로 주행에 적합한 패턴으로, 구동력·제동력이 뛰어나 지프 차량 등에서 사용한다.

블록 타입(Block Type)
빙판길이나 눈길, 비포장도로에 적합한 패턴으로, 구동력·제동력이 뛰어나 4계절용으로도 사용한다.

■ 타이어의 구조

숄더
트레드와 사이드 월을 연결한다.

트레드
두꺼운 고무 층으로
만들어져 있고,
노면과 접촉한다.
트레드 패턴이 파여 있다.

사이드 월
자동차의 중량을 지탱하는 것 외에,
노면으로부터의 충격을 흡수한다.

카커스 코드
타이어의 골격을 이루는 층.
나일론이나 폴리에스테르, 스틸 등을
고무로 휘감은 것이 겹쳐져 있다.
진행방향에 대해 90도로 겹쳐놓은 것을
레이디얼 구조, 45도로 겹쳐놓은 것을
바이어스 구조라고 한다.

벨트/브레이커
카커스 코드를 보강하는 층.
레이디얼 구조에서는
주로 스틸로 만들어진 벨트가
카커스 코드를 잡아준다.
바이어스 구조에서는 주로
나일론으로 만들어진
브레이크로 잡아준다.

비드
휠의 림에 타이어를 고정한다.
비드 와이어(금속 와이어)나
비드 필러(튼튼한 고무)로
보강한다.

이너 라이너
공기가 새는 것을 막아준다.

② 타이어의 종류

휠타이어는 속에 튜브가 들어 있는 **튜브 타이어**와 튜브가 없는 **튜브리스 타이어**로 구분되는데, 최근 승용차는 대부분 튜브리스 타이어이다. 눈길, 빙판길용인 스터드리스 타이어나 펑크에 강한 런 플랫 타이어 같은 종류도 있다.

튜브리스 타이어

타이어 내부에 이너 라이너라고 하는 고무 시트가 접착되어 있어서, 이것이 튜브 역할을 함으로써 공기의 유출을 막아준다. 주행 중에 못 등에 찔려 펑크가 나도 갑자기 공기가 빠지거나 하진 않기 때문에 핸들 제어를 못하는 경우는 없다.

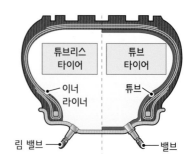

▲ 튜브리스 타이어와 튜브 타입 타이어

스터드리스 타이어

스터드리스 타이어는 눈길, 빙판길용 타이어이다. 고무는 가혹한 눈길이나, 빙판길에서도 성능을 발휘할 필요가 있기 때문에 혹한지역에서도 부드러움을 유지한다. 또한 빙상 수막을 제거하기 위해 트레드 패턴에 세세한 홈을 파 넣는 등, 다양한 대응책을 적용하고 있다.

▲ 스터드리스 타이어의 트래드 패턴

런 플랫 타이어

펑크가 나도 타이어가 쭈그러들지 않도록 사이드 월 등을 보강함으로써, 80km/h 속도로 80km 정도 주행할 수 있는 타이어이다.

펑크가 난 줄 모르고 80km/h 이상의 속도로 주행하거나 80km를 넘게 달릴 수도 있기 때문에, 펑크가 났을 때 공기압의 이상을 알려주는 시스템인 「타이어 공기압 모니터링 시스템」을 탑재할 필요도 있다.

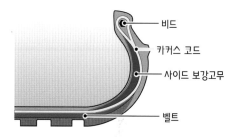

비드
카커스 코드
사이드 보강고무
벨트

▲ 런 플랫 타이어의 구조

타이어 사이즈 표기에는 여러 가지 방법이 있지만, 여기서는 일반적인 승용차용 타이어를 소개하겠다.

타이어의 사이즈 표기

$$\underset{①}{195} / \underset{②}{60} \ \underset{③}{R} \ \underset{④}{14} \ \underset{⑤}{86} \ \underset{⑥}{H}$$

① **타이어 폭** : 타이어의 폭을 mm로 표기.
② **편평률** : 타이어 단면 폭에 대한 높이의 비율(타이어의 높이 ÷ 타이어 폭×100). 승용차에서는 40~70%가 일반적.
③ **타이어 구조** : R은 레이디얼 구조, －는 바이어스 구조를 나타냄.
④ **림 지름** : 휠의 림 직경은 인치로 표기.
⑤ **로드 인덱스** : 하중지수. 타이어 1개가 지탱할 수 있는 최대 하중을 나타냄.
⑥ **속도 기호** : 주행 가능한 최고 속도를 나타내는 기호이다. H는 210km/h를 표시.

타이어 폭
림 지름(타이어 내경)
타이어 높이

서스펜션, 조향, 브레이크 장치

4

서스펜션은 타이어를 노면에 바르게 접지시키기 위한 장치로
자동차에 따라서 종류와 구성도 다양하지만
목적은 좋은 효율로 구동력을 노면에 전달하여
승차감이 향상되고 차체를 안정되도록 하기 위함이다.

조향 장치는 자동차를 마음대로 조종하기 위한
가장 중요한 장치로 타이어와 휠을 직접 연결함과 동시에
운전 감각도 크게 영향을 미치는 요소이다.

브레이크 장치는 자동차를 정지하거나 정지한 자동차를
자유롭게 움직이지 않도록 하는 장치로 자동차의 최대 안전장치이다.

기본적인 섀시Chassis의 구성

섀시는 보디 구조의 변화와 함께 의미하는 범위가 바뀌어 왔다.

원래 섀시는 프레임이라는 의미로서 처음에는 엔진과 변속기, 드라이브 샤프트, 서스펜션, 타이어, 조향장치 등을 프레임에 장착한 「자동차의 기본구성 부분」을 섀시라고 불렀다. 그 후 똑같은 섀시를 이용해 외관이 다른, 별도의 이름을 부여한 자동차를 만들게 되면서 섀시를 개념적으로 플랫폼이라고 부르기 시작했다.

이후 승용차에서는 보디의 구조가 **모노코크**Monocoque 구조를 하고 난 이후로 프레임은 없어지고 보디에 직접 섀시 부품들을 장착하게 되었다. 그러면서 섀시는 엔진과 변속기에서 나오는 동력을 타이어로 전달하는 구동 시스템과 타이어와 연결되어 있는 **서스펜션** 그리고 **조향 장치**, 심지어는 배기 시스템까지를 포함하는 의미를 갖게 되었지만, 이렇다 할 섀시의 정의는 없다.

현재의 플랫폼이라는 말은 정확하게는 섀시에 장착하는 보디 부품까지를 포함하는 범위로 사용하지만, 그 보디는 서스펜션을 연결한 보디부분까지를 가리키거나 플로어까지를 가리킬 만큼 다양하기 때문에 개념적으로 보디와 구동 시스템을 가리키는 말로 사용하는 경우가 많다.

타이어

휠

서스펜션

브레이크

앞바퀴 구동 방식의 섀시 장치

앞바퀴 구동 방식의 경우, 섀시부품은 크게 프런트 부분과 리어 부분으로 나누어진다. 주요 부품으로는 엔진, 변속기, 드라이브 샤프트, 서스펜션, 타이어, 휠, 조향장치, 브레이크 등이 있다.

프런트 부분에는 작은 프레임을 기본으로 하여 서스펜션과, 드라이브 샤프트나 조향장치 등을 장착한다.

■ 프레임 구조의 섀시

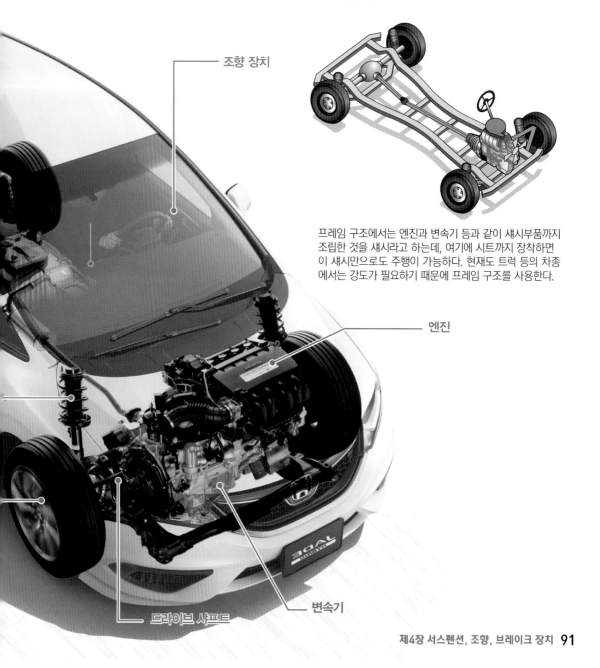

조향 장치

엔진

드라이브 샤프트

변속기

프레임 구조에서는 엔진과 변속기 등과 같이 섀시부품까지 조립한 것을 섀시라고 하는데, 여기에 시트까지 장착하면 이 섀시만으로도 주행이 가능하다. 현재도 트럭 등의 차종에서는 강도가 필요하기 때문에 프레임 구조를 사용한다.

2 프런트 서스펜션

서스펜션은 승차감이나 조종 안정성과 관련된 중요한 부품이다.

1 서스펜션

서스펜션에는 노면의 요철을 가능한 차체로 전달하지 않으려는 완충 완화장치로서의 기능과 바퀴나 차축의 위치를 결정하고, 바퀴의 노면에 대한 접지성 향상 기능 등이 있어서 승차감이나 조종 안정성에 영향을 준다.

주요 부품으로 차축의 위치를 결정하는 서스펜션 암, 차량무게를 지탱해 충격을 흡수하는 코일 스프링, 코일 스프링에서 흡수한 진동을 감쇄시키는 쇽업소버가 있으며, 커브에서 차체가 잘 기울어지지 않도록 잡아주는 스태빌라이저를 장착한 것도 있다. 크게 **일체 차축 현가식**과 **독립 현가식**으로 나누어진다.

■ 서스펜션의 주요 장치

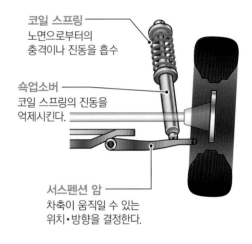

코일 스프링 ─
노면으로부터의 충격이나 진동을 흡수

쇽업소버 ─
코일 스프링의 진동을 억제시킨다.

서스펜션 암 ─
차축이 움직일 수 있는 위치·방향을 결정한다.

일체식과 독립식 서스펜션

일체 차축 현가식

독립 현가식

| 평평한 노면 | 기울어진 노면 | 평평한 노면 | 기울어진 노면 |

1개의 차축에 좌우 타이어가 연결되어 있다.
기울어진 노면에서는 타이어가 비스듬해지면서 충분히 접지면적을 확보하지 못하는 경우가 있다.

좌우 타이어가 독립되어 있다.
기울어진 노면에서도 타이어가 기울지 않아 충분한 접지면적을 확보하기가 쉽다.

② 코일 스프링과 쇽업소버

코일 스프링은 차량의 무게를 지탱하고 노면의 충격이나 진동을 흡수한다.

권선 모양의 스프링을 이용한 코일 스프링이 일반적이지만, 판을 겹쳐놓은 판스프링이나, 토션 바 스프링이라고 하는 비틀림 반력을 응용한 스프링도 있다.

코일 스프링이 충격을 흡수하긴 하지만 충격에 의한 진동이 수그러들 때까지는 시간이 걸린다. 쇽업소버는 그 진동을 신속하게 억제시킨다. 점도가 높은 오일 저항을 이용한 구조로서, 댐퍼라고도 부른다.

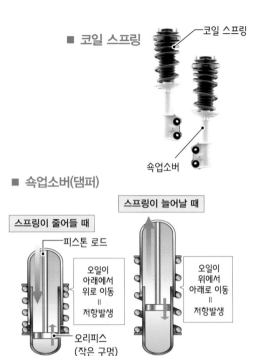

■ 코일 스프링

코일 스프링

쇽업소버

■ 쇽업소버(댐퍼)

스프링이 줄어들 때

피스톤 로드

오일이 아래에서 위로 이동 = 저항발생

오리피스 (작은 구멍)

스프링이 늘어날 때

오일이 위에서 아래로 이동 = 저항발생

쇽업소버의 원리

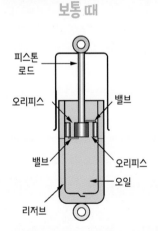

보통 때

피스톤 로드

오리피스

밸브

밸브

오리피스

오일

리저브

실린더 내부는 피스톤 로드에 의해 2개의 구역(방)으로 나뉜다. 방끼리는 좁은 통로(오리피스)로 연결되어 있다.

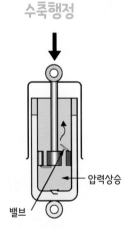

수축행정

압력상승

밸브

피스톤 로드가 내려가면 아래 방의 압력이 상승한다. 오일이 좁은 오리피스를 통해 위의 방으로 올라오려고 하기 때문에 저항이 발생한다.

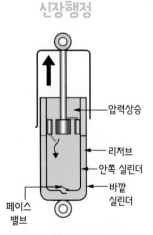

신장행정

압력상승

리저브

안쪽 실린더

바깥 실린더

베이스 밸브

피스톤 로드가 올라오면 수축행정과 반대 현상이 일어난다.

※ 실제로는 피스톤 로드가 왕복하는 부분의 오일 바이패스가 필요하지만 이 그림에서는 생략되어 있다.

③ 프런트 서스펜션의 종류

자동차 서스펜션은 그 진화 과정에서 간단한 것부터 복잡한 것까지 다양한 방식의 서스펜션으로 변화해 왔다. 주로 프런트 서스펜션에 이용하는 종류로는 맥퍼슨·스트럿 방식, 더블 위시본 방식, 멀티링크 방식 등이 있다.

▲ 프런트 서스펜션

맥퍼슨·스트럿 방식

코일 스프링과 쇽업소버를 동일 축 상에 배치해 수직에 가까운 형태로 바퀴를 지지한다(이 구조를 스트럿이라고 한다). 노면과 거의 평행하게 설치된 로어 암은 차축의 위치를 고정한다.

노면에서 전해지는 충격을 흡수•완화하는 스트럿이 차량무게를 지탱하는 부품으로도 사용되기 때문에, 쇽업소버의 부드러운 움직임이 방해 받는 경향이 있어서 대형자동차나 출력이 큰 차종에는 적합하지 않다. 하지만 구조가 간단하고 가벼우며 또 가격도 싸기 때문에 승용차의 앞바퀴에 특히 많이 사용하고 있다.

■ 맥퍼슨·스트럿 방식의 구조

코일 스프링
+
쇽업소버

로어 암

더블 위시본 방식

코일 스프링과 쇽업소버로 지지하는데 있어서, 로어 암 외에 어퍼 암을 추가해 2개Double의 암으로 바퀴를 지지하는 구조를 하고 있다. 위시본(새의 가슴뼈)과 같이 스트럿을 둘러싼 것에서부터 이름 지어졌다.

암이 2개이기 때문에 앞뒤 강성이나 횡 강성도 뛰어나며, 또 **지오메트리(자유도)**가 커서 타이어의 접지조건을 세밀하게 설정할 수 있다. 그러나 구조가 복잡하고 가격도 비싸진다.

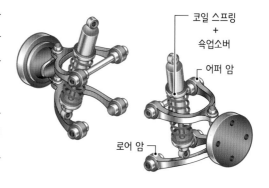

■ 더블 위시본 방식

코일 스프링
+
쇽업소버

어퍼 암

로어 암

멀티링크 방식

암이나 링크를 많이 이용한 서스펜션을 총칭해서 멀티링크 방식이라고 한다. 복수(일반적으로 4개 이상)의 링크(암)로 바퀴를 지지해 횡강성을 높이는 반면에, 서스펜션이 상하로 움직였을 때도 지오메트리 변화를 적게 할 수 있는 형식이다.

서스펜션으로서의 기능은 뛰어나지만 부품 수가 많아지는 만큼, 무겁고 복잡한 구조를 하고 있다. 가격도 비싸진다.

■ 멀티링크 방식

- 코일 스프링 + 쇽업소버
- 어퍼 암
- 어시스트 링크
- 트레일링 암
- 로어 암

지오메트리(Geometry)

타이어 방향이나 노면과 타이어의 접지각도 설정을 「휠 얼라인먼트」라고 한다. 휠 얼라인먼트를 설정하는데 있어서 중요한 각도로는 캠버 각과 캐스터 각, 토 등 3가지가 있다.

캠버 각은 차체를 앞에서 보았을 때 지면에 대해 타이어가 기우는 각도이다. 자동차의 하중을 지탱하는 타이어는 바깥쪽으로 벌어지는 경향이 있기 때문에 캠버 각은 안쪽으로 기운 각도가 된다. 캐스터 각은 바퀴의 조향 회전축이 취하는, 진행방향을 향한 각도이다.

토는 좌우 타이어 중심선간 거리가 앞부분이 뒷부분보다 좁은 것이다. 타이어는 진행방향에 대해 바깥쪽으로 벌어지려는 경향이 있기 때문에 타이어

는 안쪽으로 좁혀져 있다. 모두 자동차의 직진성이나 방향성을 안정시키는 요소이다.

휠 얼라인먼트는 서스펜션의 장착위치, 암의 길이 등으로 결정하는데, 이 서스펜션의 위치관계를 「지오메트리」라고 한다. 더블 위시본 방식이나 멀티링크 방식은 지오메트리의 자유도가 높고 타이어와 노면 사이의 각도를 세밀하게 설정할 수 있기 때문에 노면의 요철에 대하여 상세하게 대응할 수 있다. 이런 이점을 살려, 주행할 때 서스펜션 설정뿐만 아니라 브레이크를 걸 때의 노즈 다이브(앞으로 쏠림)와 가속할 때의 스쿼드(뒤로 쏠림)를, 지오메트리를 개선함으로써 억제시킬 수 있다. 이 설정을 안티 다이브 서스펜션 지오메트리라고 한다.

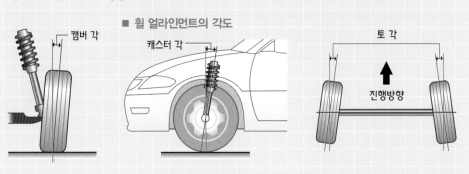

■ 휠 얼라인먼트의 각도

- 캠버 각
- 캐스터 각
- 토 각
- 진행방향

3 리어 서스펜션

리어 서스펜션은 성능뿐만 아니라 트렁크와 실내 공간, 가격 등을
종합적으로 1감안해 설정한다.

1 리어 서스펜션의 종류

리어 서스펜션은 구조적으로 프런트와 비슷한
것도 있지만, 프로펠러 샤프트나 연료 탱크 등이
근처에 있기 때문에 공간 배치에 많은 연구를 필
요로 했고, 그런 연구를 바탕으로 다양한 종류
가 있다.

또한 뒷바퀴를 구동하지 않는 전륜구동 방식
에서는 공간적으로 여유가 있어서 현가장치 방
식을 자유롭게 선택할 수 있다.

▲ 리어 서스펜션

토션 빔 방식

토션 빔 방식은 좌우 각각의 타이어에 장착
된 트레일링 암으로 차축을 고정하고 코일 스
프링과 쇽업소버로 상하 힘을 받아들인다.

게다가 좌우 트레일링 암은 토션 빔으로 연결
되어 있는데 토션 빔 내부의 토션 바(스프링)의
작동을 통해 어느 정도 비틀림을 허용할 수 있
는 유연한 구조를 하고 있다.

일체차축현가식이지만 좌우 양쪽바퀴는 어
느 정도 독립적으로 움직일 수 있다. 주로 전륜
구동 방식(FF)의 뒷바퀴에 사용한다.

■ 토션 빔 방식의 구조

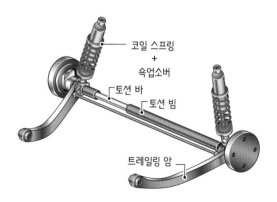

코일 스프링
+
쇽업소버

토션 바

토션 빔

트레일링 암

트레일링 암 방식

트레일링 암 방식은 서스펜션 암의 스윙(흔들림) 회전축이 트레일링(질질 끄는) 암에 의해 차축보다 앞쪽에 있는 서스펜션이다.

트레일링 암의 회전축을 차량 진행방향에 대해 수직으로 배치한 것을 풀 트레일링 암 방식이라고 하는데 이 방식은 횡강성이 낮기 때문에 횡 쪽으로부터의 힘을 조금이라도 막아낼 수 있게 비스듬하게 배치한 것을 세미 트레일링 암 방식이라고 한다.

구조가 간단하고 공간을 많이 차지하지 않는다는 장점이 있어서 승용차 뒷바퀴에 많이 사용하고 있다.

■ 트레일링 암 방식의 구조

쇽업소버
코일 스프링
트레일링 암

풀 트레일링 암 방식
차량 진행방향에 대해
회전축을 수직으로 배치

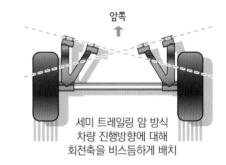

세미 트레일링 암 방식
차량 진행방향에 대해
회전축을 비스듬하게 배치

② 에어 서스펜션

코일 스프링의 스프링 대신에 기체를 밀봉한 에어 스프링을 사용한 것이 에어 서스펜션이다. 기체를 체적의 반으로 압축하면 압력과 반발력은 2배가 된다는 원리를 이용한 것이다.

탑승객이나 짐을 실었을 때 반발력이 상승하고, 안 실었을 때는 원래의 반발력으로 돌아간다. 또한 적재할 때는 어느 정도 압축해도 에어가 없어지지 않기 때문에 바닥에 닿는 경우가 없어서 트럭이나 버스에 적합하다.

■ 에어 서스펜션 [예]

에어 스프링

4 조향 장치

조향 장치는 자동차의 진행 방향을 임의로 바꾸는 장치이다.

① 조향 장치

운전자가 조작하는 대로 움직인 핸들을 정확하게 타이어로 전달해 자동차 방향을 바꾸는 장치를 조향 장치라고 한다. 승용차의 경우, 앞바퀴의 각도를 틀어 방향을 바꾼다.

핸들은 정식으로는 **조향 핸들**이라고 하며, 이 회전운동은 조향축을 매개로 조향 기어박스로 전해진 다음 왕복운동으로 바뀐다. 이 왕복운동은 타이로드, 너클을 매개로 타이어로 전해진다.

지금은 핸들 조작력을 보조하기 위해 대부분의 자동차가 동력 조향 장치를 갖추고 있다. 조향 기어박스에 유압을 걸어 작동력을 보조하는

■ 조향 장치의 구성

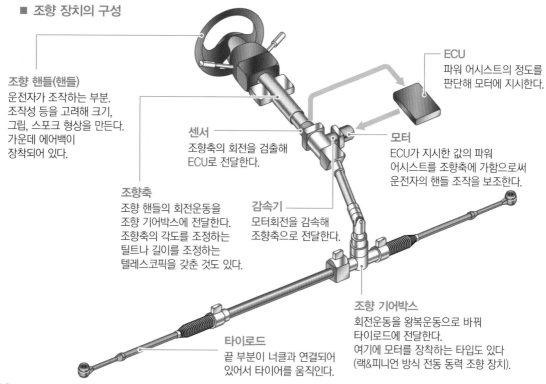

ECU
파워 어시스트의 정도를 판단해 모터에 지시한다.

조향 핸들(핸들)
운전자가 조작하는 부분. 조작성 등을 고려해 크기, 그립, 스포크 형상을 만든다. 가운데 에어백이 장착되어 있다.

센서
조향축의 회전을 검출해 ECU로 전달한다.

모터
ECU가 지시한 값의 파워 어시스트를 조향축에 가함으로써 운전자의 핸들 조작을 보조한다.

조향축
조향 핸들의 회전운동을 조향 기어박스에 전달한다. 조향축의 각도를 조정하는 틸트나 길이를 조정하는 텔레스코픽을 갖춘 것도 있다.

감속기
모터회전을 감속해 조향축으로 전달한다.

조향 기어박스
회전운동을 왕복운동으로 바꿔 타이로드에 전달한다. 여기에 모터를 장착하는 타입도 있다 (랙&피니언 방식 전동 동력 조향 장치).

타이로드
끝 부분이 너클과 연결되어 있어서 타이어를 움직인다.

유압방식도 있지만, 최근에는 유압식에 비해 엔진 동력을 사용하지 않기 때문에 저연비를 실현할 수 있는 **전동식**을 많이 사용한다. 전동식 모터는 차종에 따라 조향축이나 조향 기어박스 등의 장착위치가 다르다.

조향 기어 박스

조향축의 회전운동을 피니언과 랙으로 가로 방향의 왕복운동으로 바꾸는 장치이다. 피니언의 바깥 쪽 기어와 랙의 막대 형상의 기어가 맞물린다.

랙 끝은 볼 조인트를 매개로 타이로드에 연결되어 있다. 볼 조인트는 윤활오일 누수나 이물질을 방지하기 위해 더스트 부츠 안에 위치한다.

■ 조향 기어 박스의 구조

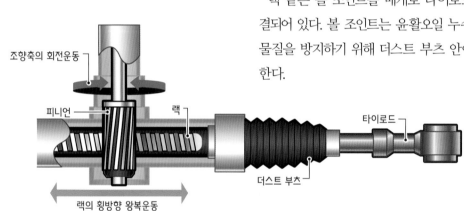

조향축의 회전운동

피니언

랙

타이로드

더스트 부츠

랙의 횡방향 왕복운동

타이 로드

한 쪽 끝은 랙 끝과 또 다른 한 쪽 끝인 타이로드 엔드는 볼 조인트를 매개로 너클과 연결되어 있다. 평행운동을 통해 너클을 밀거나 당겨서 타이어 각도를 바꾼다.

타이어와 너클은 노면에 의해 움직이기 때문에 타이로드와 너클 사이에 각도가 생겨도 힘이 전달되도록 볼 조인트를 사용한다. 타이어의 각도 설정을 위해 타이로드 길이는 조정할 수 있도록 되어 있다(토 조정).

■ 타이로드의 구조

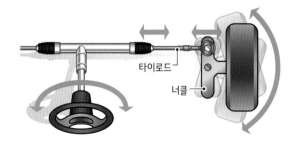

타이로드

너클

❸ 스티어링 바이 와이어 시스템

스티어링 바이 와이어 시스템은 조향 핸들과 타이어가 기계적으로 분리되어 있어 조향 핸들의 회전을 센서로 감지한 후 ECU가 타이어를 모터로 조향하는 시스템이다. 아래와 같은 장점이 있어서 차세대 시스템으로 주목 받고 있다.

스티어링 바이 와이어 시스템의 장점

■ ECU가 조향 각도를 제어하기 때문에 운전자의 의도를 앞질러 조향함으로써 더 원활하게 주행할 수 있다.

■ 조향 감각을 자동차의 목적에 맞춰 자유롭게 설정 할 수 있어서 운전자가 그 특성을 선택할 수 있다.

■ 충돌할 때 조향축이 운전석으로 치고 들어올 염려가 없기 때문에 충돌 안전성이 높다.

■ 스티어링 바이 와이어 시스템의 구조

ECU

기계적으로 분리

❹ 동력 조향 장치

조향 핸들을 돌리는 힘을 보조해 주는 것이 동력 조향 장치이다. 엔진회전을 이용해 오일펌프에서 유압을 얻는 유압식과, 전동모터로 힘을 만드는 전동식 2종류가 있으며, 엔진의 연료를 효율적으로 사용할 수 있는 전동식이 점차 증가하고 있다.

전동식에는 조향축의 회전운동을 보조하는 샤프트 어시스트식과 랙의 왕복운동을 보조하는 랙 어시스트식이 있다. 모두 축전지 전력으로 힘을 만들기 때문에 엔진 출력에 끼치는 영향은 적다. 둘 다 센서를 통해 조향 핸들이 움직인 것을 감지한 다음 컴퓨터 제어로 어시스트를 하는 구조다.

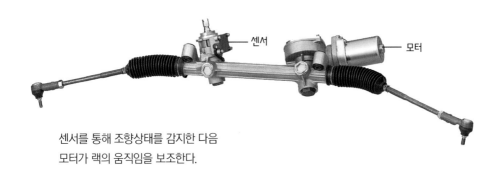

센서   모터

센서를 통해 조향상태를 감지한 다음
모터가 랙의 움직임을 보조한다.

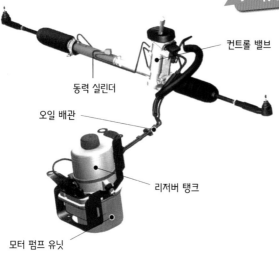

컨트롤 밸브

동력 실린더

오일 배관

리저버 탱크

모터 펌프 유닛

엔진에서 펌프를 통해
전해져 온 유압이
동력 실린더 안에서
피스톤을 밀어줌으로써
랙의 움직임을 보조한다.

5 브레이크 장치

브레이크는 마찰을 이용해 운동에너지를 열에너지로 바꾸어 감속·정지시킨다.

1 풋 브레이크의 구성과 종류

브레이크는 브레이크 페달, 배력장치, 유압기구, 브레이크 본체 (캘리퍼, 브레이크 패드, 디스크 로터 등)로 구성되어 있다.

주행 중에 발로 조작하기 때문에 풋 브레이크라고 한다. 브레이크 페달을 발로 밟으면 브레이크 오일의 유압이 상승해 브레이크 기구로 전달된다.

브레이크 본체는 디스크 브레이크와 드럼 브레이크 2종류가 있는데, 둘 다 마찰력을 열로 바꾸어 감속시킴으로써 자동차를 안전하게 정차시킨다.

■ 브레이크의 구성

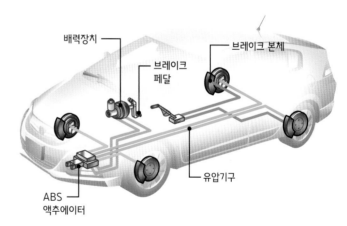

배력장치

브레이크 페달

브레이크 본체

유압기구

ABS 액추에이터

2 디스크 브레이크

디스크 브레이크는 휠과 일체로 회전하는 디스크 로터를 캘리퍼 안에 장착한 브레이크 패드가 양쪽에서 잡아주어 제동하는 구조이다.

일반적으로 브레이크 패드는 캘리퍼가 한 쪽을 고정하고, 다른 한 쪽으로 유압이 들어가 로터를 밀어주는 구조를 하고 있다.

디스크 브레이크는 외부에 노출되어 있어서 변환된 열이 쉽게 대기로 발산되는 특징이 있다.

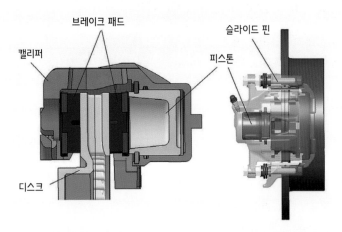

브레이크 패드
캘리퍼
슬라이드 핀
피스톤
디스크

유압이 걸리면 피스톤이
밀려나면서 브레이크 패드가
디스크 로터를 누르게 된다.
이때 캘리퍼 자체가 피스톤과
역방향으로 움직이기 때문에,
디스크 로터 반대쪽에 있는
브레이크 패드에도
누르는 힘이 작용한다.

디스크 브레이크의 작동

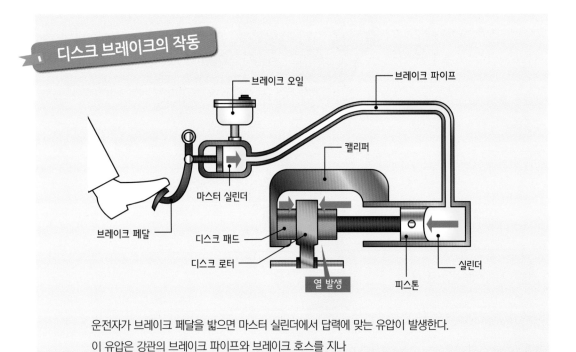

브레이크 오일
브레이크 파이프
캘리퍼
마스터 실린더
브레이크 페달
디스크 패드
디스크 로터
열 발생
피스톤
실린더

운전자가 브레이크 페달을 밟으면 마스터 실린더에서 답력에 맞는 유압이 발생한다.
이 유압은 강관의 브레이크 파이프와 브레이크 호스를 지나
각 바퀴의 캘리퍼 실린더로 간 다음, 캘리퍼 실린더의 피스톤으로 전해진다.
피스톤은 브레이크 패드를 디스크 로터에 밀어붙여 제동한다.

❸ 드럼 브레이크

드럼 브레이크는 휠과 하나로 회전하는 원통 모양의 브레이크 드럼에 마찰재인 브레이크 라이닝을 장착한 한 쌍의 브레이크슈를 안쪽에서 밀어붙여 제동하는 시스템이다.

구조 상, **자기배력작용**이 발생한다. 제동·성능은 뛰어나지만 방열성이 나쁘고 **페이드 현상**이 일어나기 쉽다. 또한 브레이크 내부로 물이 들어 갔을 경우에 회복하기가 나쁘다는 결점이 있다.

■ 드럼 브레이크의 작동

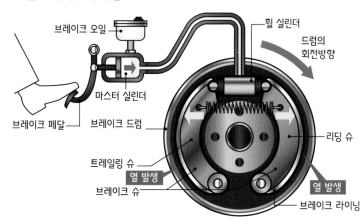

유압이 휠 실린더로 들어가면 안에 있는 피스톤이 브레이크 슈를 드럼 쪽으로 밀어붙여 마찰을 일으킴으로서 제동한다. 진행방향 쪽의 브레이크슈를 리딩 슈, 뒤쪽을 트레일링 슈라고 부른다.
리딩 슈는 회전하는 드럼과 접촉하면 슈가 드럼에 밀착하는 방향으로 움직이기 때문에 입력 이상의 제동을 일으킨다. 이것을 자기배력작용이라 부르는 것으로서 별도의 배력장치가 필요없다.

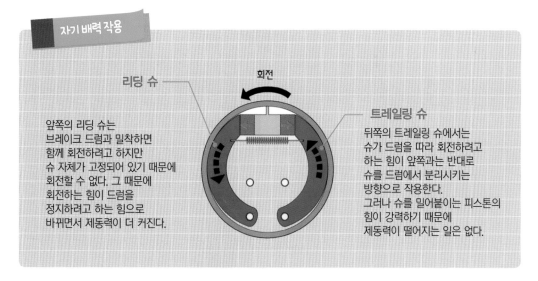

자기 배력 작용

앞쪽의 리딩 슈는 브레이크 드럼과 밀착하면 함께 회전하려고 하지만 슈 자체가 고정되어 있기 때문에 회전할 수 없다. 그 때문에 회전하는 힘이 드럼을 정지하려고 하는 힘으로 바뀌면서 제동력이 더 커진다.

뒤쪽의 트레일링 슈에서는 슈가 드럼을 따라 회전하려고 하는 힘이 앞쪽과는 반대로 슈를 드럼에서 분리시키는 방향으로 작용한다. 그러나 슈를 밀어붙이는 피스톤의 힘이 강력하기 때문에 제동력이 떨어지는 일은 없다.

WHAT is 페이드 현상 : 과열로 인해 브레이크 성능이 급격하게 저하되는 현상

④ 배력 장치

운전자의 브레이크 페달을 밟는 힘을 보조함으로써 충분한 제동력을 발휘시키는 것을 배력 장치라고 한다.

브레이크 페달과 마스터 실린더 사이에 배치되며, 동력 실린더와 그 안에 있는 동력 피스톤, 브레이크 페달과 연동하는 **진공 밸브** 등으로 구성되어 있다.

현재 대부분의 자동차에 장착되어 있으며, 부압과 대기압의 압력 차이를 이용해 제동력을 증폭시키는 진공식이 일반적이다.

■ 배력 장치의 구조

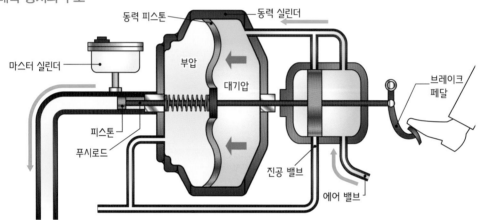

동력 실린더 안은 동력 피스톤으로 나뉘어 있다. 브레이크 페달을 밟기 전에는 엔진의 흡기 부압으로 인해 양쪽 모두 부압을 하고 있지만 브레이크 페달을 밟으면 진공 밸브가 닫히면서 동력 피스톤 좌측만 부압이 걸리고 브레이크 페달 쪽은 대기압이 된다. 이로 인해 마스터 실린더 쪽 부압과의 압력차이가 발생해 마스터 실린더의 피스톤이 세게 밀리면서 유압이 높아진다.

⑤ ABS Anti-lock Brake System

자동차가 주행할 때 브레이크 페달을 밟으면 타이어와 노면 사이에서 큰 마찰이 발생하면서 자동차는 감속하게 된다. 하지만 타이어와 노면 사이의 마찰보다 브레이크 성능이 크면 타이어가 잠기면서 도로 위를 미끄러지는 현상이 발생한다. 그러면 타이어와 노면 사이에서 마찰이 작아져 제동력이 떨어진다. 심지어 핸들 조작도 어려워진다.

이 때문에 타이어가 잠길 것 같으면 각 타이어에 장착된 바퀴속도 센서가 감지해 브레이크 유압을 감압함으로써 타이어가 잠기는 것을 방지하는 ABS가 있다.

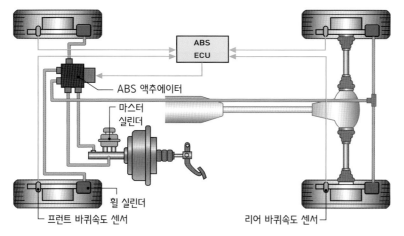

타이어가 잠기면(lock) 앞 뒤바퀴의 바퀴속도 센서가 회전을 감지해 ABS ECU로 전달한다.

↓

ABS ECU는 유압을 감압하도록 ABS 액추에이터에 지시한다.

↓

ABS 액추에이터가 유압을 감압해 휠 실린더로 보낸다.

↓

휠 실린더에서 유압이 떨어져 잠기지 않게 된다.

ABS 액추에이터

마스터 실린더

휠 실린더

프런트 바퀴속도 센서

리어 바퀴속도 센서

보통 때

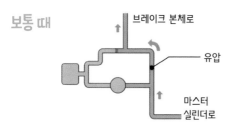

브레이크 본체로

유압

마스터 실린더로

통상 상태에서는 마스터 실린더의 유압이 그대로 브레이크 본체로 보내진다.

감압 시

리저버 탱크

펌프

타이어 록(타이어의 잠금 상태)의 위험이 생기면 유압이 멈추고 브레이크 오일은 역류해 리저버 탱크에 저장된다. 나아가 펌프를 통해 마스터 실린더로도 보내진다.

유지상태 시

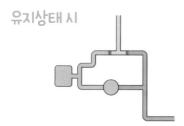

타이어가 잠길 위험이 없어지면 브레이크 오일의 역류가 중지된다. 이 상태에서는 브레이크 본체로의 유압이 감압되지 않고 유지된다.

BMW 이륜차에 사용되고 있는 ABS 장치 ▶

106

파킹 브레이크

파킹 브레이크는 주차 외에, 비상용 브레이크 역할도 한다.

파킹 브레이크의 구성과 구조

파킹 브레이크는 문자 그대로 주행 중이 아니라, 자동차를 주차하거나 정차했을 때 사용하는 브레이크를 말한다. 또한 풋 브레이크가 고장 났을 때는 비상용 브레이크 역할도 한다.

일반적으로 운전자가 조작해 뒷바퀴(또는 앞바퀴)의 브레이크를 와이어(파킹 브레이크 케이블)로 당겨서 제동한다. 최근에는 스위치 타입의 전기적으로 모터를 작동시켜 와이어를 당기는 구조도 있다.

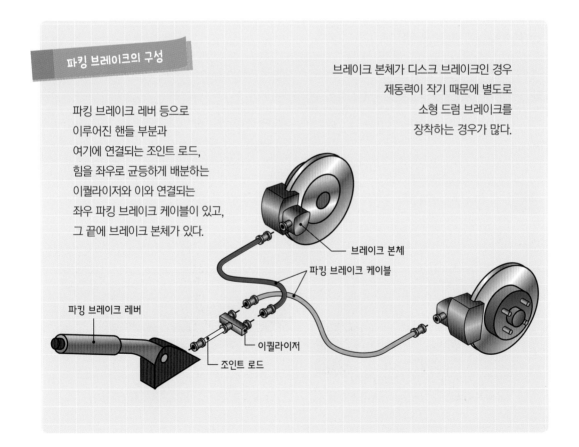

파킹 브레이크의 구성

파킹 브레이크 레버 등으로 이루어진 핸들 부분과 여기에 연결되는 조인트 로드, 힘을 좌우로 균등하게 배분하는 이퀼라이저와 이와 연결되는 좌우 파킹 브레이크 케이블이 있고, 그 끝에 브레이크 본체가 있다.

브레이크 본체가 디스크 브레이크인 경우 제동력이 작기 때문에 별도로 소형 드럼 브레이크를 장착하는 경우가 많다.

브레이크 본체

파킹 브레이크 케이블

파킹 브레이크 레버

이퀼라이저

조인트 로드

■ 파킹 브레이크의 구조

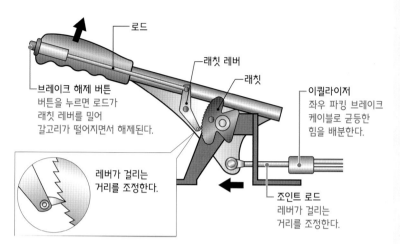

로드

래칫 레버

래칫

브레이크 해제 버튼
버튼을 누르면 로드가
래칫 레버를 밀어
갈고리가 떨어지면서 해제된다.

이퀄라이저
좌우 파킹 브레이크
케이블로 균등한
힘을 배분한다.

레버가 걸리는
거리를 조정한다.

조인트 로드
레버가 걸리는
거리를 조정한다.

파킹 브레이크는 주차 중에 브레이크를 걸어둔 상태로 두기 때문에 파킹 브레이크 케이블을 당긴 상태로 유지할 필요가 있다. 그 때문에 래칫이 장착되어 있고, 이 래칫에 래칫 레버가 걸리는 구조를 하고 있다. 출발할 때는 파킹 브레이크 레버 타입은 버튼을, 스틱 타입은 돌려서 해제한다. 풋 브레이크 타입은 페달을 한 번 더 밟는 방식과 해제 레버가 장착되어 있는 타입, 출발하면 자동으로 해제되는 타입 등 다양한 방식이 있다.

파킹 브레이크의 종류

파킹 브레이크에는 다양한 방식이 있다. 승용차의 경우, 70년대 초반까지는 프런트 시트가 벤치 시트인 이유도 있어서 스틱 타입을 많이 사용했다.

그 후 대부분의 승용차가 분리형 시트로 바뀌면서 파킹 브레이크 레버 타입이 주류를 이룬다. 풋 타입은 자동 변속기의 보급과 더불어 증가해 왔다. 최근에는 스위치 조작으로 해제하는 타입도 있다.

파킹 브레이크의 종류

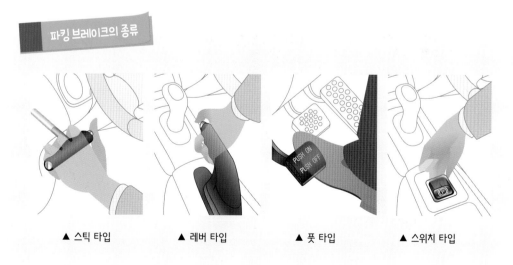

▲ 스틱 타입   ▲ 레버 타입   ▲ 풋 타입   ▲ 스위치 타입

보디, 실내, 안전, 편의 장치

차체 및 실내에는 안전을 위한 여러 가지 다양한 장치가
배치되어 있으며, 더 안전하고 보다 쾌적하게 탈 수 있도록
다양한 장비 및 제어 기능이 있다.

운전자의 안전을 위한 에어백, 트랙션 컨트롤 시스템,
충돌 피해 경감 브레이크, 차선 유지 지원 시스템, 안전 운전 지원 시스템 등의
장치가 설치되어 있다.

또한 운전자의 편의를 위한 내비게이션, 주행지원 도로 시스템,
주차 지원 시스템, 전기 자동차, 하이브리드 자동차 등을 알아보자

대부분의 승용차는 가볍고 강성이 뛰어난 모노코크 구조를 하고 있다.

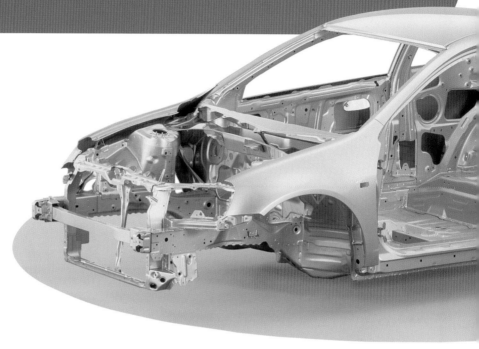

1 모노코크 구조

일반적인 승용차의 경우 예전에는 프레임 구조의 섀시에 보디를 입히는 식의 구조를 했었지만, 그 후 운동성능이나 충돌 안전성능, 연비 등의 향상을 위해 경량화나 고강성화가 요구되면서 현재는 대부분의 승용차가 모노코크 구조를 하고 있다.

모노코크 구조는 차체의 내외판을 하나의 구조체로 만들어 주행중의 진동이나 충격을 보디 전체로 분산시킴으로써 전체 강성을 확보하는 설계 구조를 말한다. 프레임 구조와 비교해 가벼울 뿐만 아니라 차체내부 공간을 넓

힐 수 있다. 또한 충돌할 때의 에너지 흡수성도 좋아진다.

보디 재료는 대부분 강판SPCC, 냉간압연강판으로 만들어진다. 최근에는 더 강성이 뛰어난 고장력 강판이나 초고장력 강판을 사용해 판 두께를 얇게 만듦으로서 가볍게 하는 설계도 볼 수 있지만, 가격이 비싸고 성형성이 냉간압연강판보다 떨어진다.

또한 차체를 더 가볍게 하기 위해 모노코크 구조물 이외의 펜더나 보닛에 수지를 사용하는 자동차도 등장했다.

모노코크 보디의 구성 부품

모노코크 구조는 골격과 루프나 플로어 등을 접합해 만든다. 거기에 도어, 보닛 등의 덮개를 장착하면 한 대의 보디가 된다. 이렇게 만들어진 구조체를 화이트 보디라고 부른다.

화이트 보디 이외의 보디 구성 부품으로는 글라스로 된 윈도 종류, 수지로 만들어진 앞뒤 범퍼 등이 있다.

보닛이나 도어, 루프 등과 같이 외관을 형성하는 강판을 보디 스킨이라고 부른다. 보디 스킨에는 루프와 같이 모노코크 보디의 구조체를 이루는 것과 펜더처럼 없어도 보디 강성에 거의 영향을 주지 않는 것이 있다.

■ 모노코크 구조를 만드는 주요 부품

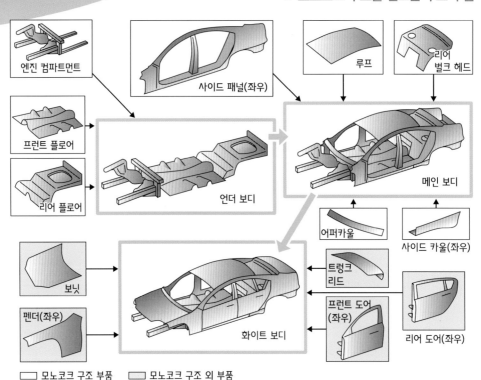

엔진 컴파트먼트 · 사이드 패널(좌우) · 루프 · 리어 벌크 헤드 · 프런트 플로어 · 리어 플로어 · 언더 보디 · 메인 보디 · 어퍼카울 · 사이드 카울(좌우) · 보닛 · 트렁크 리드 · 프런트 도어(좌우) · 펜더(좌우) · 화이트 보디 · 리어 도어(좌우)

☐ 모노코크 구조 부품 ☐ 모노코크 구조 외 부품

2 도어와 범퍼

도어는 밀폐성뿐만 아니라 열고 닫을 때의 느낌, 내구성 등 다양한 기능이 요구된다.

도어의 구성과 종류

도어는 도어 윈도를 올리고 내리기 위한 가이드 틀인 도어 창틀이나 **런 채널** run channel, 이것들을 받치는 **도어 패널**(스킨), 열고닫을 때 필요한 **힌지**나 아우터 핸들, 로크, 도어 글라스를 유지하면서 올리고 내리는 **레귤레이터** 등으로 구성되어 있다.

도어는 주행할 때 보디와 일체화시킬 필요가 있다. 때문에 도어의 힌지나 로크는 강성이 필요하다. 도어 창틀도 강성이 없으면 고속으로 주행할 때 바람의 흐름에 의한 부압에 의해 틈새가 벌어져 바람이 빠진다. 일반적인 승용차에서는 **힌지 도어**를 볼 수 있지만, 미니밴 등에는 **슬라이드 도어**도 있다. 슬라이드 도어는 공간이 크고 열었을 때 많이 튀어나오지 않지만, 가격이 비싸고 무거우며, 디자인 다양성이 떨어진다.

새시리스 도어 Sashless Door

자동차의 디자인적인 이유 때문에 도어 새시 없이 도어 윈도만 있는 새시리스 도어가 있다. 도어 새시가 없기 때문에 보디와의 밀폐를 도어 윈도와 보디 실로만 한다. 도어 윈도는 도어 패널 안에서만 유지하게 되기 때문에 강성 저하를 막기 위해서 글라스 자체를 두껍게 하는 한편으로 글라스 유지 강도도 높인다.

도어 윈도를 닫을 때 확실하게 밀폐하기 위해 파워 윈도를 사용함으로써 도어 윈도와 보디 실을 언더 컷 구조로 한 것도 있다.

범퍼

범퍼의 원래 역할은 가벼운 충돌 시에 보디로 영향이 미치지 않도록 하는 것이다. 그러나 최근에는 보디 색으로 도장해 마치 보디의 외피 같이 외관부품으로서의 역할을 하는 경우가 많다.

또한 프런트 범퍼에는 프런트 그릴이나 포지션 램프 등을 장착한 것도 많다. 범퍼에는 프레임이 있어서 이것을 매개로 볼트를 사용해 보디에 장착한다. 탄성 강도나 재활용성 차원에서 폴리프로필렌(PP)을 사용해 인젝션 성형으로 만든다.

▲ 프런트 범퍼(위)와 리어 범퍼(아래)

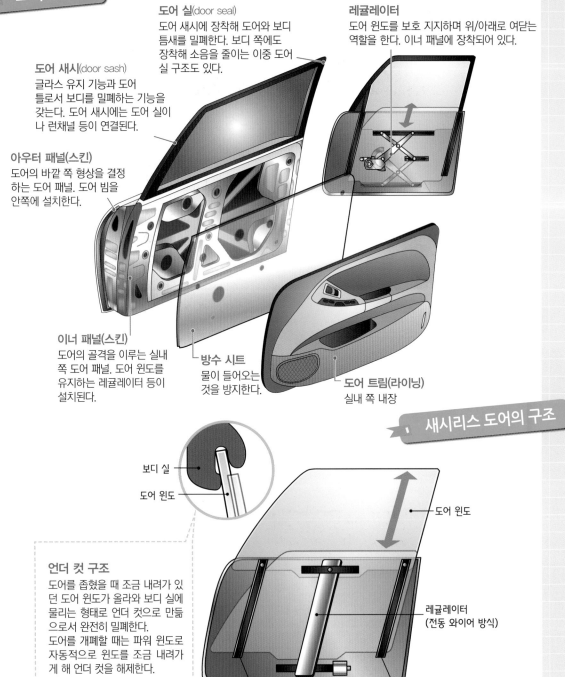

도어 실(door seal)
도어 새시에 장착해 도어와 보디 틈새를 밀폐한다. 보디 쪽에도 장착해 소음을 줄이는 이중 도어 실 구조도 있다.

레귤레이터
도어 윈도를 보호 지지하며 위/아래로 여닫는 역할을 한다. 이너 패널에 장착되어 있다.

도어 새시(door sash)
글라스 유지 기능과 도어 틀로서 보디를 밀폐하는 기능을 갖는다. 도어 새시에는 도어 실이나 런채널 등이 연결된다.

아우터 패널(스킨)
도어의 바깥 쪽 형상을 결정하는 도어 패널. 도어 빔을 안쪽에 설치한다.

이너 패널(스킨)
도어의 골격을 이루는 실내 쪽 도어 패널. 도어 윈도를 유지하는 레귤레이터 등이 설치된다.

방수 시트
물이 들어오는 것을 방지한다.

도어 트림(라이닝)
실내 쪽 내장

보디 실

도어 윈도

도어 윈도

언더 컷 구조
도어를 좁혔을 때 조금 내려가 있던 도어 윈도가 올라와 보디 실에 물리는 형태로 언더 컷으로 만듦으로서 완전히 밀폐한다.
도어를 개폐할 때는 파워 윈도로 자동적으로 윈도를 조금 내려가게 해 언더 컷을 해제한다.

레귤레이터
(전동 와이어 방식)

도어 윈도 가이드

3 윈도 글라스

자동차는 윈도에도 안전을 높이기 위한 대책이 들어가 있다.

자동차에는 프런트 윈도나 리어 윈도 외에도 도어 윈도나 쿼터 윈도 등 많은 윈도가 있다. 운전에 필요한 시야확보를 위해 윈도는 깨끗하고 왜곡되지 않게 보여야 한다. 윈도로 사용하는 글라스에는 **합판유리와 강화유리** 2종류가 있다.

합판유리는 2장의 얇은 글라스 사이에 필름을 끼워서 접착한 글라스로서 프런트 윈도나 선루프 등에 사용한다. 깨져도 파편이 잘 튀지 않고 주행 중에 전방에서 어떤 물건이 날아와도 여간해선 관통이 잘 안 되는 특징이 있다.

강화유리는 글라스를 가열·급랭시켜 강도를 높인 것으로써, 만일 파손된 경우에도 입자모양으로 깨지면서 사람에게 손상이 가지 않도록 했다. 도어 윈도나 리어 윈도에 사용한다.

이 밖에도 글라스에는 비가 올 때의 시인성을 향상시킨 발수 글라스, 적외선이나 자외선을 차단해 탑승객의 쾌적성을 향상시킨 IR&UV 커트 글라스 등이 있다. 안테나가 들어간 글라스 안테나나 헤드업 디스플레이가 들어간 글라스도 있다.

■ 윈도와 글라스의 종류

프런트 윈도
프런트 도어 윈도
리어 도어 윈도

리어 윈도
리어 도어 쿼터 윈도

▲ 균열이 발생한 합판유리(접합유리). 합판유리는 파손이 되어도 안에 필름이 들어있기 때문에 날아가지 않는다.

▲ 파손된 강화유리. 강화유리는 강도가 높고 파손이 되어도 입자 모양으로 깨지기 때문에 사람에게 손상을 쉽게 주지 않는다.

4 루프

루프는 자동차의 지붕으로 안전성, 거주성 등에서 중요한 부분이다.

루프란 보디의 지붕을 말한다. 루프는 안전성이나 실내 공간의 거주성 등의 관점에서 중요한 부분이기도 하지만 루프 때문에 실내 공간이 답답하게 느껴지는 경우도 있다. 그래서 각 자동차 메이커에서는 개방감이나 실내 환기, 채광 등의 목적으로 윈도우를 장착하거나 개폐식 루프로 하는 등 다양한 연구를 진행하고 있다.

루프를 개구부 형상으로 대략적으로 나누면 선루프, T바 루프, 타르가 톱, 컨버터블 4종류로 나뉜다. 또한 리드(lid · 루프를 덮는 덮개)의 작동방법은 대부분 전동식이다.

선루프(sun roof)
개폐식 채광창이 장착된 루프. 채광창은 알루미늄 외에 유리나 플라스틱 재질도 있다.

T바 루프(T-bar roof)
루프 중앙부분을 남겨놓고 좌우 윗부분이 개폐되는 타입. 바(bar)가 남는 만큼 컨버터블 등과 비교해 루프가 강하다.

타르가 톱(targa top)
센터 필러(자동차 중앙부분의 기둥)와 리어 필러(자동차 후방부분의 기둥) 이외의 루프를 제거한 타입의 루프.

컨버터블(convertible)
루프가 완전히 없는 타입. 덮개를 접어서 수납하거나 탈착하는 타입

5 충돌 안전 보디

자동차는 보디 골격의 구조에도 안전을 높이기 위한 대책이 들어가 있다.

① 충격 흡수 보디

자동차 보디는 만일에 충돌이 일어났을 때라도 탑승객을 보호할 수 있도록 대책이 들어가 있다. 그 한 가지는 보디가 크게 변형해 충격을 흡수하는 구조를 하고 있다는 점이다. 충격 흡수 보디라고 한다.

또 하나는 실내의 탑승객 공간을 보호하기 위해 캐빈을 강하고 튼튼한 보디 구조로 만드는 것이다. 고강도 캐빈이라고 한다.

차체의 충격 흡수 공간이 없는 측면에는 센터 필러나 플로어 크로스 멤버의 강도를 높이는 동시에 사이드 도어 빔 등으로 충격을 받도록 하고 있다. 또한 센터 필러가 없는 자동차의 경우

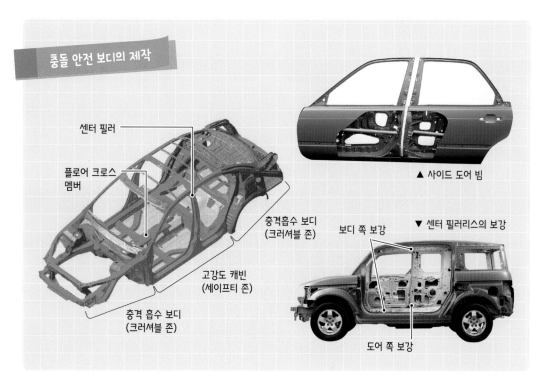

충돌 안전 보디의 제작

센터 필러

플로어 크로스 멤버

충격흡수 보디 (크러셔블 존)

고강도 캐빈 (세이프티 존)

충격 흡수 보디 (크러셔블 존)

▲ 사이드 도어 빔

보디 쪽 보강

▼ 센터 필러리스의 보강

도어 쪽 보강

는 프런트 도어 뒤쪽과 리어 도어 앞쪽을 보강
해 그것이 보디와 이어지는 구조로 만듦으로서
강도를 확보한다.

자동차는 이와 같은 구조를 통해 충돌사고가
발생했을 때 탑승객의 피해를 줄이고 있다.

② 보행자를 보호하는 팝업 후드

팝업 후드는 보행자와 충돌했을 때 보행자의
상해를 줄이기 위해 앞유리 쪽 보닛 후드를 조
금 들어 올려 충돌 흡수 공간을 만드는 시스템
이다.

차량에 장착한 센서가 보행자와의 충돌을 감
지하면 보닛 후드 끝에 있는 좌우 힌지 부근의

액추에이터가 보닛 후드를 늘어 올린다.

보닛 후드를 들어 올려 엔진과의 사이에 공간
을 만들어 줌으로써 보닛 후드를 변형시켜 보행
자의 머리 부분이 받는 충격을 흡수해 상해가
줄어들도록 하는 구조이다.

■ 팝업 후드의 구조

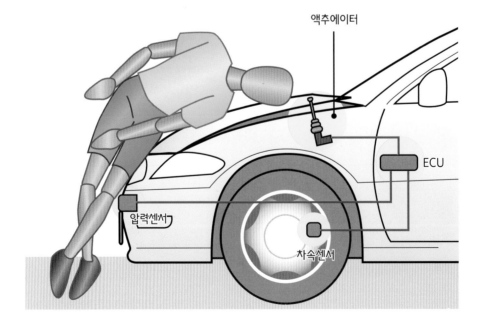

6 내외장재의 구성

내외장을 장식하는 부품 외에 안전성과 관련된 기능성 부품도 있다.

1 외장의 구성

의장은 자동차의 「주행 · 선회 · 정지」 같은 기본성능 이외에 탑승객의 쾌적성을 높이거나 운전 조작성을 높이고 나아가 안전성과도 연결되는 기능을 갖추고 있는 부품을 가리킨다(미터 등과 같은 전장품도 의장에 포함되지만 여기서는 전장품 이외 것들을 지칭한다).

의장은 주로 인스트루먼트 패널, 센터 콘솔, 시트, 루프 라이닝, 플로어 카펫 등의 내장 부품과 도어 미러나 프런트 그릴, 도어 몰 등과 같은 외장 부품으로 구성되어 있다.

현재는 대부분의 자동차 내장이 풀 트림이라고 하는 모든 것을 덮음으로서 보디 부품이 보이지 않도록 하는 타입을 사용하고 있다. 외장은 도어 미러나 도어 핸들 등과 같은 기능 부품도 있지만, 프런트 그릴이나 몰 등과 같이 외관을 향상시키는 부품도 있다.

주요 의장의 구성품 (외장)

필러 가니시

도어 몰

도어 핸들

프런트 그릴

엠블럼

도어 미러

■ 주요 의장의 구성품(내장)

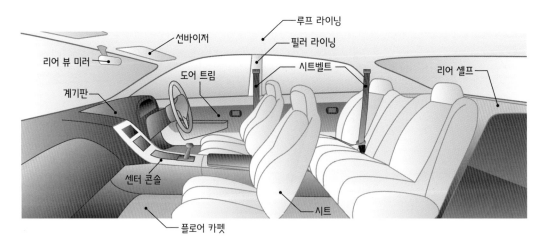

루프 라이닝
선바이저
필러 라이닝
리어 뷰 미러
시트벨트
리어 셀프
계기판
도어 트림
센터 콘솔
시트
플로어 카펫

2 내장 트림

천정을 덮는 루프 라이닝, 트렁크 쪽을 덮는 리어 셀프, 도어의 구조를 덮는 도어 트림, 보디를 덮는 필러 라이닝 등은 직접 탑승객의 손에 닿거나 눈에 보이는 내장 부품이기 때문에 마무리나 소재의 질감, 나아가 디자인 측면 등도 중요하다.

도어 트림은 스위치 종류, 이너 핸들, 암 레스트, 도어 그립, 데코레이션 패널, 도어 포켓, 웨더 스트립, 흡음재 등 많은 부품이 장착된 기능 부품이기도 하다.

플로어 카펫은 보디 바닥 면에 까는 카펫으로서 흡음성 기능도 한다. 또한 선바이저는 정면에서 비치는 태양빛을 차단한다.

■ 주요 내장 트림 (라이닝)

▲ 도어 트림(라이닝)

▲ 선바이저

루프 라이닝 ▶

플로어 카펫 ▶

인스트루먼트 패널 본체는 가니시 종류, 리드 종류, 글로브 박스, 에어 아웃렛, 미터, 카 오디오, 카 내비게이션 등 다양한 의장품이나 전장품이 장착되어 있다.

또한 안쪽으로는 철 파이프나 프레스 제품으로 만들어진 인스트루먼트 패널이나 에어컨 덕트 종류, 와이어 하니스, 패신저 에어백 등이 장착되어 있다. 인스트루먼트 패널 표면은 소프트 패드로 처리하는 등 다양한 가공방법으로 디자인성과 질감을 높이고 있다.

센터 콘솔은 일반적으로 인스트루먼트 패널과 별도의 구조이지만 보기에는 연결된 것 같은 타입이 많으며, 암 레스트나 수납 칸, 각종 조작 스위치 종류 등도 센터 콘솔에 배치한다.

▲ 인스트루먼트 패널

▲ 센터 콘솔

1. 도어 미러 스위치		도어 미러의 각도를 조절할 수 있다.
2. 코인 포켓 coin pocket		동전을 보관하는 공간
3. 조향 핸들 steering handle		
4. 혼 스위치 horn switch		누르면 경적이 울린다.
5. 미터 meter		속도계나 연료계 등의 계기류가 모여 있다.
6. 인포메이션 디스플레이		오디오나 시계, 온도 등이 표시되어 있다.
7. 내비게이션 시스템		도로 안내를 담당한다.
8. 헤저드 스위치 hazard switch		비상 점멸 표시등을 점등시킨다.
9. 에어컨 air conditioner		
10. 셀렉트 레버 select lever		AT에서는 주행 레인지를 선택, MT에서는 체인지 레버가 된다.
11. 글러브 박스 glove box		

7 계기판과 와이퍼

자동차에는 운전자에게 차량의 정보를 알려주는 계기판, 시야를 확보해주는 와이퍼가 있다.

1 계기판의 역할과 종류

인스트루먼트 패널에 장착하는 계기판은 운전자에게 다양한 정보를 보여준다. 스피드 미터나 타코 미터, 연료계, 수온계 나아가 오도미터, 트립 미터 등이 주요 계기지만, 타코 미터나 수온계 등은 장착하지 않은 자동차도 있다.

그 밖에 방향지시등이나 하이(주행) 빔, 안개등 등의 표시등, 엔진의 유압이나 시트 벨트를 착용하지 않았을 때 등의 경고등 같은 것도 있다.

계기판 종류에는 자체 발광 타입이나 TFTThin Film Transistor 액정 계기판 등이 있는데, 모두 시인성, 디자인성을 고려해 개발하고 있다.

또한 근래에는 시인성 향상을 목적으로 계기판이 아닌 프런트 윈도 등과 같이 앞쪽에 스피드 표시나 경로 안내 등을 비추는 헤드업 디스플레이HUD가 실용화되면서 확산되고 있다.

타코미터(tachometer)
1분당 엔진회전수를 나타낸다.

스피드미터(speed meter)

멀티 인포메이션 디스플레이
주행거리나 평균속도 등을 표시

연료계

수온계
엔진 냉각수의 온도표시

■ 헤드업 디스플레이(HUD)

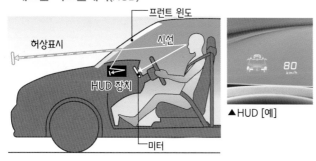

▲ HUD [예]

계기판 정보를 액정 패널 등에 표시하고 그것을 미러에 반사시켜 허상으로 프런트 윈도에 비춘다. 운전자가 시선을 조금만 이동하면 되기 때문에 안전성 측면에서도 유리하다.

② 와이퍼의 역할과 구조

와이퍼는 고무를 장착한 와이퍼 블레이드를 와이퍼 암에 결합한 다음, 모터 구동으로 좌우로 흔들어 프런트 윈도우에 부착된 물기나 먼지, 눈 등을 제거함으로써 운전자의 시야를 확보하는 부품이다. 상황에 맞춰 작동속도를 몇 가지로 바꿀 수 있는데, 일정한 간격을 두고 작동하는 간헐작동 모드는 대부분의 자동차에 내장되어 있다.

또한 리어 윈도가 뒷바퀴 쪽과 가까운 해치백 차량 등은 뒷바퀴가 돌면서 리어 윈도가 더러워지기 때문에 리어 와이퍼를 장착한 차량이 많다.

■ 와이퍼의 구조

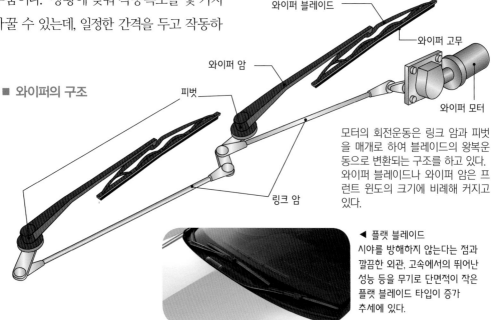

모터의 회전운동은 링크 암과 피벗을 매개로 하여 블레이드의 왕복운동으로 변환되는 구조를 하고 있다. 와이퍼 블레이드나 와이퍼 암은 프런트 윈도의 크기에 비례해 커지고 있다.

◀ 플랫 블레이드
시야를 방해하지 않는다는 점과 깔끔한 외관, 고속에서의 뛰어난 성능 등을 무기로 단면적이 작은 플랫 블레이드 타입이 증가 추세에 있다.

와이퍼 속도 조절 스위치

와이퍼 스위치가 AUTO 위치에 있을 때 스위치를 돌려 와이퍼 작동이 빠르게 또는 느리게 조절할 수 있다.

· F(FAST : 빠르게)방향 : 와이퍼 작동속도가 빨라짐.
· S(SLOW : 느리게)방향 : 와이퍼 작동속도가 느려짐

와셔 스위치

길게 누름 : 와셔액이 분사되면서 와이퍼 2～3회 작동

짧게 누름 : 와셔액이 분사되면서 와이퍼 1회 작동

와셔액 부족 경고등 : 와셔액이 부족하면 계기판에 와셔액 부족 경고등이 점등된다.

와이퍼 작동 스위치

스위치를 돌리면 그 위치에 따라 와이퍼가 다르게 작동한다.

OFF	와이퍼의 작동이 정지한다
LO	와이퍼가 느리게 작동한다.
AUTO	레인 센서가 비의 양을 감지하여 와이퍼의 작동 및 속도를 자동 조절한다.
HI	와이퍼가 빠르게 작동한다.

③ 윈도우 와셔

와이퍼에는 부수적으로 윈도 와셔도 장착되어 있다. 윈도 면의 물기가 부족할 때나 기름기가 있는 이물질이 붙어있을 때 세정액을 분사함으로써 세정성능을 높여 시야를 확보한다.

세정액이 담겨 있는 와셔 탱크와 분사를 하는 와셔 노즐로 구성되어 있으며, 와셔 노즐은 보닛과 윈도 사이에 배치하는 경우가 많지만 보닛위나 와이퍼 블레이드에 배치한 차종도 있다.

▲ 광범위한 분사가 가능한 확산식 와셔 노즐

8 전장의 구성과 램프

안전이나 에너지 절약 외에 더 쾌적하고 편리한 운전을 목적으로
다양한 전장기기가 탑재되고 있다.

1 와이어링 하니스

전장기기는 자동차의 전 부분에 걸쳐 장착되어 있다. 가솔린을 보내는 펌프부터 가솔린 잔량 센서, 엔진에서 가솔린을 분사하는 인젝터나 연소시키는 점화 플러그, 안전장치인 에어백, 그 밖에 에어컨이나 오디오, 램프 종류 등 많은 전장기기가 있다. 이것들을 연결하고 전기를 보내는 것이 와이어링 하니스이다.

와이어링 하니스가 연결하는 기기 가운데는 오디오, 카 내비게이션, 도어 로크, 파워 윈도 등과 같이 탑승객의 스위치 조작으로 작동시키는 것과 헤드라이트, 에어컨 등과 같이 컴퓨터(ECU)를 통해 자동으로 동작을 제어하는 것,

나아가 ABS, 엔진연소 컨트롤 등과 같이 ECU로 주행기능을 관리하는 것이 있다. 인간으로 비유하면 ECU가 뇌에 해당하고, 와이어링 하니스가 신경계통, 각 기기가 손발과 같은 역할을 하는 것이다.

■ 주요 전장기기

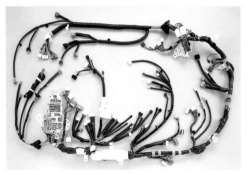

◀ 와이어링 하니스
자동차의 구석구석까지 뻗어있는 전선

◀ ECU 유닛
엔진용, 에어컨용 등 각 기기에
동작을 제어하는 ECU가 있다.
나아가 그것을 집중제어하는
사령탑 격인 ECU도 있다.

▲ 와이퍼

▲ 미터

▲ 액세서리 소켓

▲ 에어백

▲ 내비게이션

▲ 카 오디오

▲ 윈도 스위치

▲ 에어컨

② 램프의 종류

다양한 종류의 램프를 자동차의 전후·좌우에 장착해 운전자의 **시인성**을 높이거나 운전자의 의도를 다른 사람에게 전달함으로써 **안전운행**을 뒷받침한다.

최근에는 많은 램프 종류가 LED로 바뀌면서 맞은 편 차량을 눈부시게 하지 않는 헤드라이트 등, IT를 활용한 기술의 진화도 두드러지고 있다.

■ 램프의 장착과 기능

방향지시등
방향지시등, 턴 램프로도 부르며 차량의 방향변경 의사를 주위에 전달하는 옐로 램프. 차량 앞뒤와 옆 방향에서도 식별할 수 있도록 되어 있다. 비상등으로도 사용한다.

후미등(테일 램프)
야간이나 악천후 등 후방 차량에게 내 차량의 위치를 알려주는 적색 램프. 법적으로 헤드라이트와 연동해 점등하도록 되어 있다.

차폭등
미등, 클리어런스 램프, 프런트 포지션 램프 등 다양한 호칭이 있다. 자동차의 폭을 나타내는 램프로서 조명부분의 가장 바깥 테두리가 자동차의 가장 바깥쪽에서 400mm 이내에 장착되어야 한다.

번호등
뒤쪽 번호판을 야간에도 확인할 수 있도록 하는 백색 램프.

후진등
기어를 후진으로 넣을 때 점등되는 후방 확인용 백색 램프.

안개등
짙은 안개 발생 등, 시야가 나쁜 경우 시인성 확보와 피시인성을 향상시키려는 목적으로 장착한다. 백색 또는 담황색의 보조등.

브레이크 램프
브레이크 페달을 밟았을 때 후방차량이 알아볼 수 있도록 후미등이 더 밝게 빛나는 것을 말한다. 후미등과는 별도로 독립적인 브레이크 램프도 있다.

뒤 안개등
안개 등으로 인해 특히 시야가 나쁠 때 브레이크 램프 정도의 밝기(적색)로 후방 차량에게 주의를 환기시키는 램프.

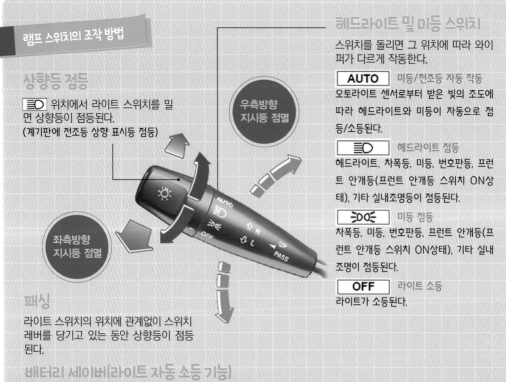

상향등 점등

■D 위치에서 라이트 스위치를 밀면 상향등이 점등된다.
(계기판에 전조등 상향 표시등 점등)

우측방향
지시등 점멸

좌측방향
지시등 점멸

패싱

라이트 스위치의 위치에 관계없이 스위치 레버를 당기고 있는 동안 상향등이 점등된다.

헤드라이트 밑 미등 스위치

스위치를 돌리면 그 위치에 따라 와이퍼가 다르게 작동한다.

AUTO 미등/전조등 자동 작동
오토라이트 센서로부터 받은 빛의 조도에 따라 헤드라이트와 미등이 자동으로 점등/소등된다.

■D 헤드라이트 점등
헤드라이트, 차폭등, 미등, 번호판등, 프런트 안개등(프런트 안개등 스위치 ON상태), 기타 실내조명등이 점등된다.

=D0E 미등 점등
차폭등, 미등, 번호판등, 프런트 안개등(프런트 안개등 스위치 ON상태), 기타 실내조명이 점등된다.

OFF 라이트 소등
라이트가 소등된다.

배터리 세이버(라이트 자동 소등 기능)

부주의로 종종 미등을 켜놓은 상태로 차량을 이탈하여 배터리가 방전되는 경우가 있다.
이러한 경우를 방지하기 위해 배터리 세이버 기능을 두었다.
- 미등을 켜놓은 채로 차량키를 탈거한 후 차량에서 이탈할 경우(운전석 도어를 열고 닫은 경우)미등은 자동소등 된다.
- 미등을 다시 켜고자 할 때는 차량키를 삽입한 상태에서 시동키를 Acc, on위치로 하거나 라이트 스위치를 껐다가 다시 미등 작동위치로 둔다.

헤드라이트

자동차의 전방을 비추는 램프로서 하이 빔과 로 빔이 있다. 하이 빔은 주행용 헤드라이트, 로 빔은 하향 헤드라이트라고도 한다. 일반적으로 하이 빔으로 주행하다가 맞은편에서 차가 오거나 전방에 차가 있을 경우 또는 안개나 눈이 내려 빛이 반사될 경우 로 빔을 사용한다.
현재, 전 세계에서 헤드라이트 광원은 할로겐 헤드라이트가 약 80%, 디스차지 헤드라이트가 20%가 조금 안 되며, LED 등 기타 광원이 몇 %를 차지하고 있다. 작지만 광량(光量)이 있고, 지향성이 강한 LED 라이트는 자동적으로 빛을 줄이거나 보고 싶은 곳만 비추는 등의 새로운 헤드라이트 시스템을 바탕으로 급속하게 점유율을 높여가고 있다.

▲ LED 라이트. 작고 여러 개를 사용할 수 있어서 디자인 자유성도 뛰어나다.

9 내비게이션

자동차 내비게이션은 계속적으로 기능이 진화되고 있다.

① 내비게이션 시스템

자동차 내비게이션의 기본 성능은 GPS를 이용해 항상 정확한 현재위치를 표시하고, 또 가고 싶은 장소에 음성과 지도표시로 안내하는 것이다.

다기능 장치 같은 경우는 루트안내뿐만 아니라 맛집이나 숙박 정보, 정체 상황, 주차장 정보도 확인할 수 있으며, 지상 디지털 방송(DMB) 외에 DVD 비디오도 재생이 가능하다. 음악도 CD에서 직접 녹음할 수 있으며, 디지털 오디오 플레이어와의 연동도 가능하다.

스마트 폰으로 인터넷에 접속하면 상세한 정체 정보나 기상정보, 나아가 주유소나 영화관 등의 검색도 가능하다. 자동차 내비게이션은 앞으로도 다양한 기능을 추가해 나갈 것이다.

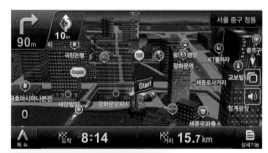

▼▶ 자동차 내비게이션 화면. 최근에는 경유할
장소를 검색하는 것도 가능하다.

(사진제공 : 아이나비)

도로 안내

입체적인 지도를 사용해 목적지까지의 도로를 안내한다.

안전운전 지원

차선 이탈 경보, 전방 추돌 경보, 신호 변경 안내, 차로 변경 예보 등 안전운전을 지원한다.

주변지도 업데이트

휴대 전화를 사용해 운전 중이라도 수시로 주변지도 업데이트가 가능하다.

정체구간 안내

현재의 정체 상황이나 진행경로 상의 정체 발생 정보 등을 통지.

키워드로 목적지 검색

정식 명칭 등을 몰라도 키워드 입력 등으로 검색할 수 있다.

도어 투 도어 경로 안내

골목길에 들어가더라도 최종 목적지까지 경로 안내가 가능하다.

② 후방 카메라

예전부터 자동차를 후진시킬 때, 후방을 확인하기 위한 보조 장치로 후방에 센서를 장착해 장애물과의 거리를 램프나 소리로 알려주는 것이 있었다.

그러나 자동차 내비게이션의 보급과 함께 자동차 뒤쪽에 후방 카메라를 장착해 그 영상을 자동차 내비게이션 모니터로 표시하는 것이 등장했다.

기어를 후진 기어에 넣으면 모니터에 후방 화면이 나타난다. 미니밴 등과 같이 큰 자동차는 차고에 넣을 때나 후진할 때 후방을 확인하는 보조 역할을 한다.

▲자동차 내비게이션에 비친 후방 카메라 영상

▲자동차 뒤쪽에 장착된 후방 카메라

인터내비 플로팅 카 시스템

VICS 정보에 플러스알파의 정보를 보충하여 더 실용적인 경로 안내가 가능한 혼다의 인터내비 플로팅 카 시스템이다. 이것은 자동차끼리 정보가 교환되면서 보통의 VICS에서는 안내되지 않는 도로 정체 상황도 내비게이션에 반영되는 기술이다. 교통 정보가 표시되는 노선이 늘어나도 그 정체 상황을 더 높은 확률로 피해감으로써 더 빠르고 원활하게 목적지까지 도착할 수 있다.

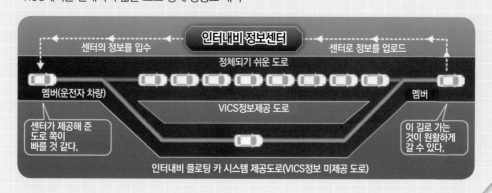

인터내비 정보센터

센터의 정보를 입수 ─ 센터로 정보를 업로드

정체되기 쉬운 도로

멤버(운전자 차량) ─ VICS정보제공 도로 ─ 멤버

센터가 제공해 준 도로 쪽이 빠를 것 같다,

이 길로 가는 것이 원활하게 갈 수 있다,

인터내비 플로팅 카 시스템 제공도로(VICS정보 미제공 도로)

10 에어백

에어백은 사고의 충격으로부터 탑승객의 생명을 지키기 위한 보호 장치이다.

1 에어백airbag의 역할

에어백은 시트벨트와의 연동을 전제로 한 탑승객 보호장치 가운데 하나이다. 자동차가 충돌하면 순식간에 에어백이 팽창한다.

이때 운전석에서는 조향 핸들의 중앙부분, 동승석에서는 대시보드 상부에서 백이 튀어나온다. 완전히 팽창하여 충격을 흡수한 다음에는 에어백 뒤쪽의 구멍으로 가스가 새어나가 수축한다. 수축하는 것은 충돌할 때의 핸들·브레이크 조작이나 시야를 확보하기 위한 것이다.

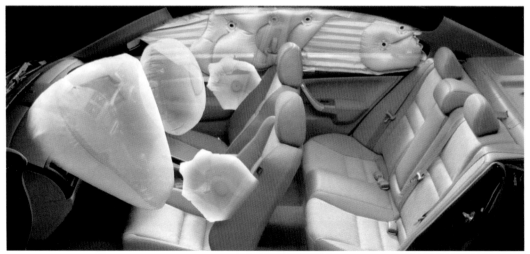

▲ 최근에는 운전석이나 동승석분만 아니라 측면이나 다리를 보호하는 에어백도 등장하고 있다.

② 에어백의 종류

최근에는 에어백을 운전석과 동승석뿐만 아니라 다양한 위치에 설치하기도 한다.

측면 충돌 시에 시트 바깥쪽에서 터지면서 가슴과 복부를 보호하는 사이드 에어백, 루프 사이드 부분에서 터지면서 탑승객의 머리와 목을 보호하는 커튼 에어백, 그밖에도 무릎 에어백, 시트 쿠션 에어백 등이 있다.

③ 에어백의 작동

에어백은 사고의 충격으로부터 탑승객의 생명을 지키기 위해 아주 강력한 압력으로 터진다. 그 때문에 에어백과 접촉하면서 찰과상이나 타박상 등과 같이 경상을 입는 경우가 있다.

조향 핸들에 너무 붙은 자세로 운전하고 있으면 에어백의 충격으로 인해 생명과 관련될 만큼 중대한 상해를 입을 우려도 있다. 에어백은 작동은 옆 페이지와 같은 과정으로 이루어진다.

다양한 에어백의 종류

드라이버 에어백

커튼 에어백

패신저 에어백

사이드 에어백

1. 충돌 감지

충돌로부터 약 0.003초 후에 보디 앞쪽에 있는
가속도 센서가 충돌을 감지한다.

2. 충돌 판정

충돌로부터 약 0.015초 후에 ECU가
충돌을 판정한다.

3. 작동 지시

충돌로부터 약 0.015초 후에 ECU가
작동을 지시한다.

4. 작동 시작

충돌로부터 약 0.020초 후에
에어백의 작동이 시작된다.

5. 작동 완료

충돌로부터 약 0.040초 후에
에어백이 작동을 완료한다.

6. 에너지 흡수

충돌로부터 약 0.060초 후에
탑승객의 에너지를 흡수한다.

11 시트와 미러

시트, 시트벨트와 미러는 안전과 관련된 부품으로
장착이나 조정을 정확하게 해야 한다.

1 시트의 기능과 구조

운전자 시트는 몸을 잘 잡아주면서 운전에 적
합한 시트 포지션을 취할 수 있도록 위치를 조
정할 수 있다.

자동차에 따라 조정 가짓수는 다르지만 시트
슬라이더와 시트 리클라이닝은 거의 모든 자동
차에서 적용하고 있다.

조향 핸들 위치를 조정하는 틸트나 텔레스코
픽 기능이 있으면 이 기능들과 복합적으로 조절

해 적정한 운전 자세를 잡는다.

표피는 내구성이나 디자인성을 중시해 재단 ·
봉제를 한다. 시트 프레임은 SP 프레스 제품, 파
이프, 스프링 등으로 만들어지고 그 위에 표피로
덮히는 우레탄 발포 성형 쿠션자재를 씌우면 완
성품이 된다.

봉제 시트로는 나타낼 수 없는 입체적인 형태
를 만들 수 있는 성형 시트도 있다.

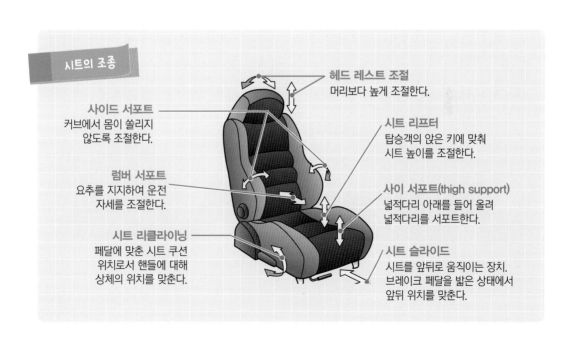

시트의 조종

헤드 레스트 조절
머리보다 높게 조절한다.

사이드 서포트
커브에서 몸이 쏠리지
않도록 조절한다.

시트 리프터
탑승객의 앉은 키에 맞춰
시트 높이를 조절한다.

럼버 서포트
요추를 지지하여 운전
자세를 조절한다.

사이 서포트(thigh support)
넓적다리 아래를 들어 올려
넓적다리를 서포트한다.

시트 리클라이닝
페달에 맞춘 시트 쿠션
위치로서 핸들에 대해
상체의 위치를 맞춘다.

시트 슬라이드
시트를 앞뒤로 움직이는 장치.
브레이크 페달을 밟은 상태에서
앞뒤 위치를 맞춘다.

② 시트 벨트

시트벨트는 정면 충돌할 때 탑승객을 잡아줌으로써 보호하는 장치이다. 랩 벨트는 허리 쪽을 완전히 감싸도록 숄더 벨트는 쇄골에 걸리듯이 장착한다.

구속성을 높이기 위한 장치로 프리텐셔너 pretensioner라는 것이 있는데, 충돌과 동시에 벨트를 감아줘 탑승객을 신속하게 잡아준다.

또한 가슴이나 쇄골에 큰 하중이 걸렸을 때 벨트를 늦추는 작동을 하는 것이 로드(포스) 리미터이다. 충돌초기의 중요한 구속력을 프리텐셔너로 올리고, 그 후 필요에 따라 로드(포스) 리미터load force limiter로 느슨하게 한다.

프리텐셔너
로드(포스) 리미터

■ 프리텐셔너

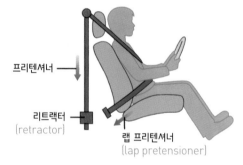

프리텐셔너
리트랙터
(retractor)
랩 프리텐셔너
(lap pretensioner)

충격에 의해 승객이 앞쪽으로 쏠리는 것을 막아주기 위해 동작하며 승객을 시트 쪽으로 당겨준다. 리트랙터 쪽에서 당기는 것과 허리 쪽에서 벨트를 감아주는 것(랩 프리텐셔너)이 있다.

■ 로드(포스) 리미터

로드(포스)
리미터

프리텐셔너에 의해 구속된 상태로 가슴부위에 가해지는 압박을 억제하기 위해 시트 벨트를 조금 늦춰주는 기능. 구속력에 맞춰 단계적으로 구속력을 늦추어 주는 타입도 있다.

③ 다양한 역할을 하는 미러

완전 후방을 확인하는 리어 뷰 미러는 실내에 장착하는 평면거울이다. 도어 미러는 좌우 비스듬하게 후방을 확인하는 거울로서 볼록 거울이 일반적이다. 운전자는 이들 미러로 후방을 확인하는데 이 밖에도 차고가 높고 우측 앞으로 일정한 사각이 생기는 차종은 프리즘 언더 미러

등을 장착한다. 또한 약간 큰 자동차의 후방 바로 밑을 확인하기 위해 리어 언더 미러를 장착한 것도 있다.

실내에서는 선바이저 안쪽에 화장 거울이 있거나 미니밴 등에서는 뒷자리 확인 미러를 장착한 것도 있다.

미러의 종류

리어 언더 미러
차량 후방 바로 밑을 확인하는 미러. 확인 범위가 넓고 리어 뷰 미러를 통해 보기 때문에 사이즈가 크다.

도어 미러
좌우의 비스듬한 후방을 확인하는 미러. 도어 스킨으로 접는 방식과 도어와 A필러의 삼각부분으로 접는 방식 2가지가 있다.

프리즘 언더 미러
도어 미러 아래에 장착된 프리즘에 의한 굴절을 이용해 사각부분을 확인할 수 있도록 한 미러.

백미러
바로 뒤를 확인하는 거울. 후방 차의 헤드라이트로 현혹되지 않도록 프리즘으로 룸 미러에 많다.

배니티 미러
(화장거울)
화 장 을 체 크 한 다는 의미로 배니티 (vanity=화장 테이블) 미러로 부른다.

뒷자리 확인 미러
뒷자리의 아이들 모습 등을 확인할 수 있는 미러.

도어 미러의 기능

도어 미러의 거울로 후방을 확인할 수 있는 범위는 각국의 지역마다 다르다. 보이는 범위를 넓히기 위해 미러 자체의 크기를 크게 하고 거울의 R을 완만하게 해 시인성을 높인다.

도어 미러는 전동으로 접는 타입(전동 접이식 도어 미러)이 일반적이다. 또한 방향지시기가 내장된 타입도 있다(도어 미러 윙커).

도어 미러는 비가 오거나 할 때 흐려져서 시인성이 나빠지는 경우가 있는데 미러 자체를 친수성으로 만들거나 미러에 열선을 넣어 말림으로써 시인성을 확보하는 타입도 있다.

▲ 열선이 내장된 친수성 도어 미러

12 주행 안전 장치

컴퓨터, 센서, 카메라 등을 통해 사고 등의 이상상태를
미연에 방지하는 안전장치가 있다.

① 트랙션 컨트롤 장치

물웅덩이나 눈길 등과 같이 미끄러지기 쉬운
노면에서 출발이나 급가속을 할 때는 타이어가
공전하면서 동력이 전달되지 않아 자동차가 휘
청거릴 수 있다. 이것을 방지하는 것이 트랙션 컨
트롤 장치(TCS)이다.

트랙션 컨트롤 장치는 항상 타이어와 노면과
의 접지상태를 센싱sensing하고 있다가 타이어의
공전을 감지하면 브레이크 및 엔진 출력을 제어
함으로써 타이어의 공전을 방지한다.

■ TRC의 작동원리

❶ 미끄러지기 쉬운
노면에서
타이어가 공전
↓
❷ 센서가 감지
↓
❸ 브레이크 제어나
엔진 출력 제어를
통해 공전을
억제시킴
↓
❹ 좌우구동바퀴의
회전속도를
같게 한 다음
안전주행

② 차선 유지 지원 시스템

차선유지 지원 시스템은 주행 중에 도로의 백
색선이나 황색선 등의 차선을 카메라가 인식해,
차선에서 차량이 벗어나려고 하면 경보 부저나
핸들 진동 등을 통해 운전자에게 주의를 주는

시스템이다. 나아가 레이더 크루즈 컨트롤이 작
동할 때는, 차선에 맞게 돌아오도록 운전자의
핸들 조작을 서포트한다.

▼ 레인 키핑 어시스트 [예]

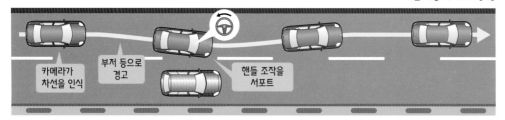

카메라가
차선을 인식

부저 등으로
경고

핸들 조작을
서포트

③ 충돌 피해 경감 브레이크

충돌 피해 경감 브레이크는 컴퓨터가 카메라나 레이더로 전방을 항상 감시함으로써 전방 차량쪽으로 접근하거나 장애물을 감지하면 음성 등으로 경고한다. 그래도 충돌이 불가피하다고 판단하면 자동적으로 브레이크를 걸어 피해를 줄인다. 경고시점에서는 브레이크 페달 밟는 힘을 어시스트하거나 시트 벨트를 세게 조이는 등 충돌에 대비한 예비동작도 이루어진다.

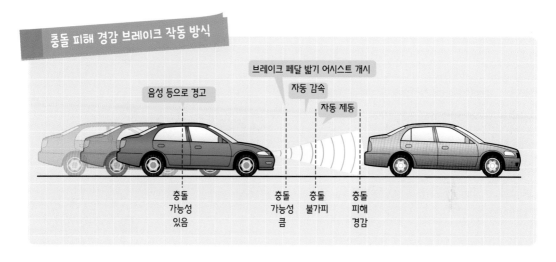

충돌 피해 경감 브레이크 작동 방식

브레이크 페달 밟기 어시스트 개시
음성 등으로 경고
자동 감속
자동 제동

충돌 가능성 있음 / 충돌 가능성 큼 / 충돌 불가피 / 충돌 피해 경감

충돌 피해 경감 브레이크 유무 비교

전방차량으로 접근하는 상황을 파악해 추돌 가능성이 높다고 판단하면 운전자에게 추돌을 피하도록 경보로 알려준다. 운전자가 브레이크 페달을 밟으면 밟는 정도에 맞춰 제동력을 보조하도록 브레이크를 제어한다. 나아가 추돌을 피할 수 없다고 판단했을 경우는 자동적으로 브레이크를 제어해 긴급제동을 건다.

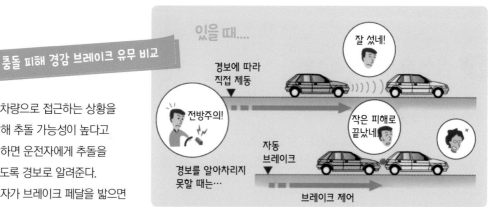

있을 때....

경보에 따라 직접 제동
잘 섰네!

전방주의!

경보를 알아차리지 못할 때는…

작은 피해로 끝났네!

자동 브레이크

브레이크 제어

없을 때....

아, 너무 늦었다!

늦게 발견해 늦은 타이밍에서 브레이크

4 일렉트릭 스태빌리티 컨트롤 장치

일렉트로닉 스태빌리티 컨트롤 장치(횡슬립 방지장치)은 커브를 돌 때 일어나기 쉬운 횡슬립을 억제시켜 자동차를 안정화시키는 시스템이다.

타이어가 노면에 대해 횡으로 미끄러지면 커브를 다 돌지 못하거나, 너무 돌다가 스핀을 시작하는 경우가 있다. 그때 ESC의 센서가 횡슬립을 감지하면 4륜 각각의 브레이크와 엔진 출력을 자동적으로 제어해 차량을 안정화시킨다.

각 자동차 메이커에서 만드는 ESC는 기본적인 기능은 동일하지만 명칭은 VSC Vehicle Stability Control, ESP Electronic Stabilization Program, DSC Dynamic Stability Control 등으로 다양하다.

■ 일렉트릭 스태빌리티 컨트롤 장치의 예

A 차량이 너무 돌아 스핀할 것 같을 때

B 차량이 다 돌지 못할 때

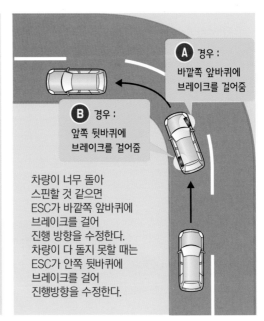

A 경우 : 바깥쪽 앞바퀴에 브레이크를 걸어줌

B 경우 : 앞쪽 뒷바퀴에 브레이크를 걸어줌

차량이 너무 돌아 스핀할 것 같으면 ESC가 바깥쪽 앞바퀴에 브레이크를 걸어 진행 방향을 수정한다. 차량이 다 돌지 못할 때는 ESC가 안쪽 뒷바퀴에 브레이크를 걸어 진행방향을 수정한다.

미끄러지기 쉬운 노면에서의 커브 진입이나 오버 스피드로 커브에 진입하면서 발생하는 차량의 횡슬립을 억제한다.

5 안전 운전 지원 시스템 DSSS; driving safety support systems

안전 운전 지원 시스템은 운전자의 부주의나 판단 지연 등에 의한 교통사고 방지를 목적으로 하는 시스템이다. 운전자 주변의 교통 상황을 시각과 청각 정보로 제공하여 위험 요인에 대한 주의나 준비를 환기시킴으로써 안전하고 여유 있는 운전이 가능하도록 해 준다.

추돌사고 방지 지원 정보 제공 시스템은 추돌 사고가 빈발하는 도로에서 정체를 감지했을 때 후속 자동차에 대해 정체 추돌 주의 정보를 제공하여 내비게이션 등에 표시한다.

좌회전 사고 방지 지원 정보 제공 시스템은 자동차가 좌회전할 때 좌측을 주행하는 2륜 차를 감지하면 접촉 주의를 알리는 정보가 제공하여 내비게이션 등에 표시한다.

추돌사고 방지 지원 정보 제공 시스템

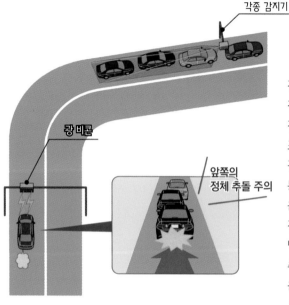

각종 감지기

광 비콘

앞쪽의 정체 추돌 주의

전망이 나쁜 도로에서 전방에 정지해 있는 차량의 존재 정보를 감지 카메라와 같은 각종 감지기로 포착한다. 그 정보를 광 비콘optical beacons을 통해 자동차 내비게이션 등에 보내 운전자의 주의를 환기시킴으로써 전방에 정지한 차량과의 추돌 사고를 막기 위해 힘쓴다. 이 시스템을 통해 추돌사고 발생건수의 감소와 운전자의 판단 실수로 인한 사고 방지가 기대된다.

좌회전 사고 방지 정보 제공 시스템

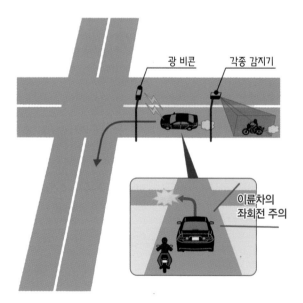

광 비콘   각종 감지기

이륜차의 좌회전 주의

교차로 등에서 좌회전할 때 후방에 이륜차 등이 달려오고 있는 경우에는 그 존재 정보를 각종 감지기가 포착한다. 그 정보는 광 비콘을 통해 자동차 내비게이션 등에 전송됨으로써 운전자가 후방 차량과 접촉하지 않도록 주의를 환기시킨다. 이와 같이 운전자의 사각지대를 보완하는 것도 DSSS에 포함된다.

주행 지원 도로 시스템은 센서나 도로와 자동차 간 통신 등 최신 ITS 기술을 통해 교통사고나 정체의 감소를 지향하는 시스템이다.

예를 들면, 주행 중인 자동차 전용 도로의 전방에 장애물이나 정지한 차량이 있을 경우 센서로 감지해 추돌을 사전에 방지하기 위해 주의와 경고를 전해준다. 운전자 입장에서는 보이지 않는 커브길 끝에 정체나 장애물이 있어도 사전에 인지할 수 있게 되는 것이다.

이러한 지원 외에도 지선에서 합류하는 자동차의 존재를 사전에 본선 쪽에 알려 줌으로써 접촉사고를 피하게 하거나 급커브 길의 존재를 사전에 정보로 제공함으로써 커브 진입부에서의 시설과 접촉사고를 막는 등 최첨단 기술을 구사한 교통사고 방지로 이어지는 시스템 연구 개발이 진행되고 있다.

AHS의 기본 개념

센서에 의한 감지

센서에 의한 감지 + 자동차에 의한 정보제공
↓
도로/차량 간 협조 시스템

자동차에 의한 정보제공

300m 앞
정지차량 있음

AHS의 기본은 '도로/차량 간 협조 시스템'이다. 이것은 운전자로서는 판단할 수 없는 혹은 보이지 않는 교통상황을 도로 쪽 각종 설비를 통해 감지한 다음 운전자에게 정보로 제공함으로써 안전성 향상을 도모한다는 개념이다. 예를 들면, 전망이 나쁜 커브 길에서의 교통정보를 감시 카메라 등으로 감지한 다음 그 정보를 주행차량에 전달해 안전운전을 지원한다.

전방
장애물
충돌 방지
지원

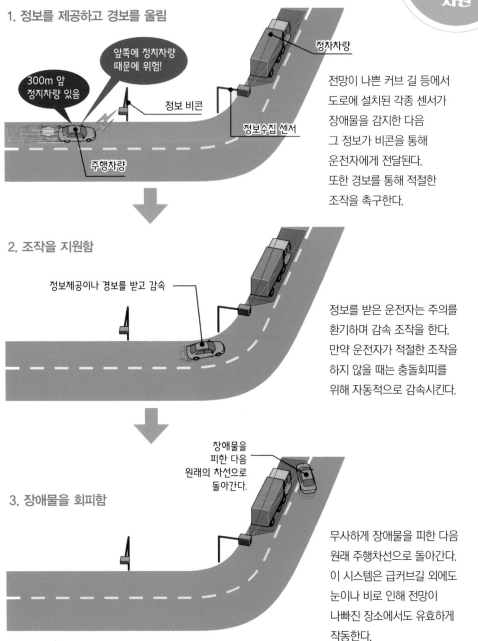

1. 정보를 제공하고 경보를 울림

300m 앞
정지차량 있음

앞쪽에 정치차량
때문에 위험!

정보 비콘

정차차량

정보수집 센서

주행차량

전망이 나쁜 커브 길 등에서
도로에 설치된 각종 센서가
장애물을 감지한 다음
그 정보가 비콘을 통해
운전자에게 전달된다.
또한 경보를 통해 적절한
조작을 촉구한다.

2. 조작을 지원함

정보제공이나 경보를 받고 감속

정보를 받은 운전자는 주의를
환기하며 감속 조작을 한다.
만약 운전자가 적절한 조작을
하지 않을 때는 충돌회피를
위해 자동적으로 감속시킨다.

장애물을
피한 다음
원래의 차선으로
돌아간다.

3. 장애물을 회피함

무사하게 장애물을 피한 다음
원래 주행차선으로 돌아간다.
이 시스템은 급커브길 외에도
눈이나 비로 인해 전망이
나빠진 장소에서도 유효하게
작동한다.

⑦ 주차 지원 기술 parking assistance technology

자동차에는 운전자가 보기 힘든 사각지대가 많이 있다. 특히 자동차 뒤쪽은 운전석에서 전혀 보이지 않는 경우도 있어 안전의 확인이 곤란하다. 이렇게 후방의 사각을 커버하기 위해 개발된 후방 모니터는 리어 게이트의 도어 노브나 번호판 등의 위치에 소형 광각 카메라를 설치하여 후방의 영상을 내비게이션 모니터에 표시하는 시스템이다.

요즘은 많은 차량이 기본으로 제공하고 있으며, 추가로 장착하는 등 인기와 관심을 모으고 있는 주차 지원 기술이다. 또한 주변에 장애물이 있을 때 알람의 소리로 경고하는 파킹 센서도 대부분의 차량이 기본 사양으로 제공하고 있으며, 애프터 파트로도 널리 인식되고 있다.

이런 후방 모니터나 파킹 센서의 등장으로 인해 주차할 때의 안전 확인 작업이 예전에 비해 비약적으로 향상됨으로써 주차나 차고 입고를 어려워했던 사람에게 특히 환영 받는 상황이 되었다고 말할 수 있다. 현재는 음성 안내나 자동 핸들 조작 등 각 자동차 메이커는 다양한 주차 지원 기술이 탑재된 차량을 판매하고 있다.

■ 뷰 모니터 주위

프런트 그릴, 좌우 사이드 미러, 리어 게이트의 도어 노브에 180도까지 촬영이 가능한 초광각 고해상도 카메라를 장착해 4방향의 사각을 커버한다. 각 화상 정보를 합성해 한 가운데의 앵글 화상을 표시한다. 또한 디스플레이에는 핸들 조작에 맞춰 앞으로 진행할 것으로 예상되는 방향이 표시된다. 더불어 카메라 보조 장치인 소나그래프에 의한 경고도 내장되어 있다.

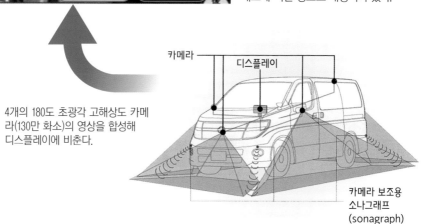

4개의 180도 초광각 고해상도 카메라(130만 화소)의 영상을 합성해 디스플레이에 비춘다.

①

동승석 쪽에 붙어 있는 '도어 마크'를 지금부터 들어가려고 하는 주차 공간 직전의 라인에 맞춰 정차한다.

②

주위의 안전을 확인한 후 브레이크 조작을 하면서 천천히 전진한다. 핸들은 자동으로 돌아가므로 음성안내에 따라 지정된 위치까지 전진한 다음 정차한다.

③

주위의 안전을 확인한 후 다시 브레이크를 조작하면서 천천히 후진. 이때도 핸들 조작은 자동이기 때문에 그대로 음성 안내에 따라가면서 정차위치까지 후진한 다음 주차한다.

⑧ 차간 거리 제어 크루즈 컨트롤

레이더를 사용해 선행 차량과의 주행 거리를
감시·판단함으로써, 설정한 속도 내로 차간 거
리를 유지하면서 뒤따라 주행하는 시스템이다.

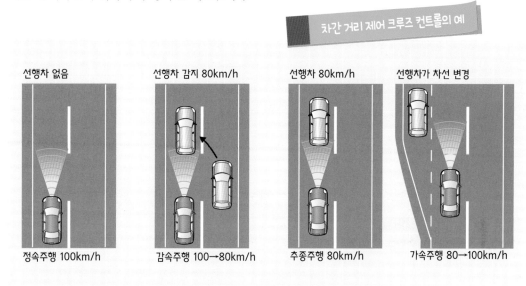

차간 거리 제어 크루즈 컨트롤의 예

| 선행차 없음 | 선행차 감지 80km/h | 선행차 80km/h | 선행차가 차선 변경 |

정속주행 100km/h   감속주행 100→80km/h   추종주행 80km/h   가속주행 80→100km/h

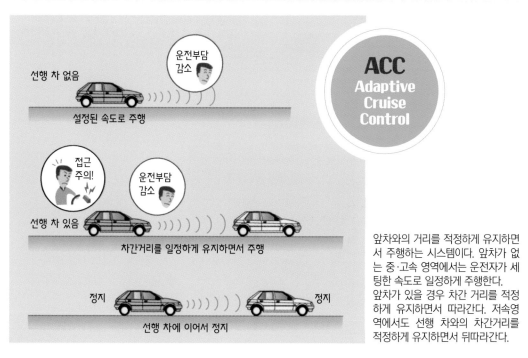

ACC
Adaptive
Cruise
Control

앞차와의 거리를 적정하게 유지하면
서 주행하는 시스템이다. 앞차가 없
는 중·고속 영역에서는 운전자가 세
팅한 속도로 일정하게 주행한다.
앞차가 있을 경우 차간 거리를 적정
하게 유지하면서 따라간다. 저속영
역에서도 선행 차와의 차간거리를
적정하게 유지하면서 뒤따라간다.

환경을 배려한 자동차

6

근대화 이후 중공업 발전과 더불어
인류의 생활은 편리성과 쾌적성 측면에서
비약적인 향상을 거두어 왔다.
반면 지구상에는 다양한 문제도 새롭게 발생해 왔다.
산업이나 운송부터 가정생활에 이르기까지
인위적으로 배출하는 CO_2에 의해
지구온난화가 발생하고 화석연료도 고갈 될 수 있다.
따라서 지금은 환경친화적인 에코자동차가
요구되는 시대이다.
제6장에서는 전기자동차, 하이브리드자동차,
연료전지 자동차를 중심으로 친환경 자동차를 살펴보겠다.

1 전기 자동차 Electric Vehicle

환경문제의 고조 및 배터리의 개발이 진행되면서
최근 전기 자동차가 각광을 받게 되었다.

전기자동차란 전기를 에너지원으로 삼아 모터로 주행하는 자동차를 말하는데 EV로 줄여서 부른다.

넓게는 하이브리드 자동차나 연료전지 자동차도 전기자동차 범주에 들어가지만 일반적으로는 통상적인 납축전지 이외에 대용량 2차 전지만 이용해서 주행하는 것을 가리킨다. 2차전지는 반복 충전이 가능한 전지로서, 충전용량과 전기의 입출력 성능 때문에 리튬이온 전지를 많이 사용한다.

기본적으로 EV는 차량 외부 전원에서 배터리(2차전지)에 충전한 전기에너지를 인버터 제어를 통해 모터로 전달함으로써 동력을 얻는다. 내연기관 자동차와 비교해 부품수가 대폭 감소하고 구조는 간단하지만, 현실적으로는 배터리 가격이 비싸서 아직은 내연기관 자동차보다 고가를 형성하고 있다.

또한 리튬이온 전지는 자동차에서 사용하기에는 아직 내구성을 포함한 품질에 문제가 있는데, 무엇보다 자동차로서는 충전 시간에 비해 내연기관 차량보다 짧은 운행거리가 문제로 지적받고 있다.

배터리(2차 전지)

배터리에 사용하는 리튬이온 전지는 많은 셀(전지 단위)들을 케이스에 모아둠으로서 1대분의 배터리로 작동한다. 사용 중에는 온도가 올라가기 때문에 (특히 급충전 시) 공랭이 가능한 시스템으로 만드는 경우가 많다. 안전성을 위해 차체의 골격으로 배터리를 보호하는 구조를 하고 있으며, 충돌 감지로 고전압을 차단할 수도 있다.

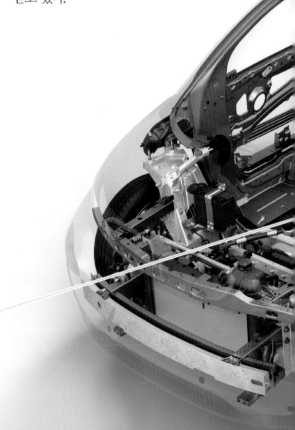

그래서 외부에서도 충전할 수 있는 급속충전 스테이션을 많이 만들려고 하지만, 주유소만큼 보급되지 않았고 또 급속충전을 빈번하게 되풀이하면 배터리 의 내구성에도 좋지 않다는 평가이다.

 BMW i3의 구조

충전구

전기자동차의 충전구 방식에는 크게 일본의 CHAdeMO 방식과 EU·미국의 콤보 방식 2가지가 있다. CHAdeMO 방식은 CHAdeMO 협의회가 표준규격으로 제안한 급속충전기의 상표명이다.

파워 컨트롤 유닛

파워 컨트롤 유닛은 인버터와 DC/DC 컨버터로 구성되어 있다. 인버터는 배터리에서 보내 온 직류전류를 교류로 변환해 모터로 보낸다. 또한 전류량을 조절해 모터의 출력을 제어한다. DC/DC 컨버터는 오디오, 자동차 내비게이션, 헤드라이트 등의 직류 12V 전원으로 작동하는 전장품을 위해 주행용 리튬이온 전지의 고전압을 낮춰 각 전장품으로 전기를 보내는 장치이다.

모터

모터로 구동하는 EV의 특징으로써 정차 상태에서 한 번에 풀 토크를 발휘할 수 있기 때문에 가속력이 뛰어나다. 또한 구동할 때 정숙성도 좋다. 감속할 때는 발전기로서 감속 에너지 일부를 회수하는 회생기능을 갖추고 있다.

② 미쯔비시 i-MiEV3의 구조

충전은 차량에 탑재된 충전기를 사용하며, 일반가정이나 코인파킹 등에서 충전하고 또는 전력회사 등에서 개발 중인 급속충전기로 충전한다. 전력은 리튬이온 전지에 축전되며, 그 전력으로 모터를 회전시킨다. 모터나 인버터는 기존 차에서는 엔진이나 변속기가 있던 자리에 배치되어 있다.

인버터
가정 충전용 플러그
리튬이온 전지
모터
급속 충전용 플러그
차량 탑재 충전기

리튬이온 전지

i-MiEV의 배터리에는 에너지 밀도가 높은 리튬이온 전지를 사용. 1회 충전 당 주행거리는 2006년도는 130km, 2007년도는 160km로 꾸준히 늘어나고 있다.

모터

모터는 영구 자석식 동기형을 사용. 정숙성과 경량화와 의해 주행 시스템의 구동효율 향상시켜 1회 충전에 주행거리는 160km이다.

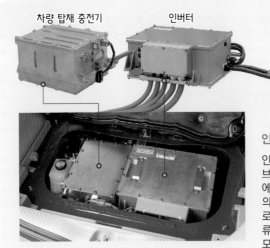

차량 탑재 충전기
인버터

차량 탑재 충전기

탑재 충전기는 100V, 단상 200V, 삼상 200V 모두에 대응할 수 있는 구조. DC-DC 컨버터 등도 일체화 된 유닛으로 구성되어 있다.

인버터

인버터는 직류를 교류로 변환하는 장치로 하이브리드 자동차, 연료전지 자동차, 전기 자동차에서는 꼭 필요한 장치이다. 그 이유는 자동차의 구동에 교류 모터를 사용하기 때문이다. 반대로 말하면 인버터를 이용하여 자유롭게 교류 전류로 변환할 수 있기 때문에 고성능 교류의 동기 모터를 사용할 수 있다.

2 모터의 특성

EV에 사용하는 모터의 에너지 효율은 가솔린 엔진의 에너지 효율보다 훨씬 뛰어나다.

1 가솔린 엔진과의 비교

가솔린 엔진은 회전수가 낮으면 토크가 올라가지 않으므로 주행조건에 맞는 여러 개의 기어가 필요하다. 또한 가솔린 혼합기의 점화 폭발에 의해 동력을 얻기 때문에 열에너지를 밖으로 빼앗겨 에너지 효율이 그다지 좋지 않다.

모터는 정차상태에서 일거에 풀 토크를 발휘하므로 기어로 변속할 필요가 없고, 저속부터 가속력이 뛰어나며 에너지 효율이 좋은 것도 특징이다. EV의 구조는 간소하므로 가솔린 자동차처럼 흡배기장치나 엔진의 냉각상치노 필요 없다.

가솔린 자동차는 엔진 성능이 업체 사이에서 큰 경쟁력으로 작용했지만 모터의 경우 에너지 효율이 원래 구조적으로 높기 때문에 모터를 대해선 경쟁적이지 않다. 최대의 과제는 운행거리와 관계된 배터리 성능이나 가격으로 기술개발이 요구된다.

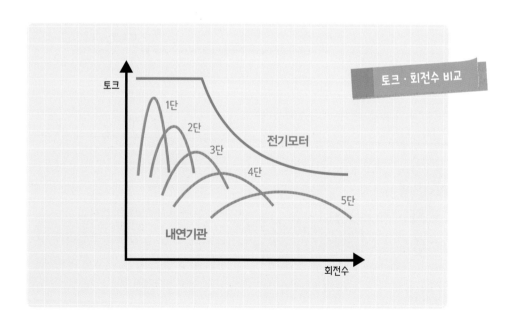

토크 · 회전수 비교

토크
1단
2단
3단
4단
5단
전기모터
내연기관
회전수

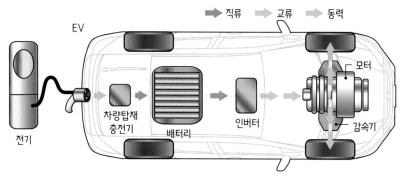

외부 전원으로부터 충전된 전기는 배터리에 직류로 축전된다. 배터리에서 인버터를 통해 교류로 변환된 다음, 모터로 보내진다. 배기가스가 나오지 않기 때문에 배기장치가 필요 없다.

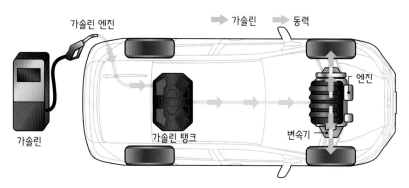

가솔린은 가솔린 탱크에 저장된다. 거기서 엔진으로 보내지는데, 연소폭발을 하기 때문에 공기를 빨아들이는 흡기장치나, 배기가스를 처리하는 배기장치가 필요하다.

② 회생 브레이크

가솔린 엔진은 감속할 때 브레이크에서 발생하는 열에너지를 대기로 빼앗기지만 EV는 발전기를 장착해 그 에너지를 배터리에 충전한 다음 필요할 때 사용할 수 있도록 하고 있다. 이것을 회생 에너지라고 한다.

그러나 강하게 회생하면 액셀러레이터 페달에서 발을 떼는 것만으로 감속이 강하게 일어나 지금까지의 자동차 운전방법과는 감각이 많이 다르다는 것을 알 수 있다. 대부분의 EV는 액셀러레이터 페달에서 발을 떼는 것만으로는 그렇게 강하게 회생되지 않도록 만들었으므로 운전자가 브레이크 페달을 밟는 힘에 맞춰 천천히 강하게 회생한다.

BMW i3 등은 일부러 액셀러레이터 페달에서 발을 떼었을 때만 강하게 회생하는 구조로 EV의 새로운 주행방법을 제안하고 있다.

1 엑셀러레이터를 밟는다.

2 배터리가 전기를 공급한다.

3 모터가 구동한다.

8 배터리에 충전한다.

7 모터가 발전한다.

5 엑셀러레이터 페달에서 발을 뗀다.

4 디이이기 회전한다.

6 타이어가 회전한다.

초소형 전기 자동차

현재의 리튬이온 전지를 탑재하고 있는 EV의 과제는 운행거리, 가격, 충전시간 등이다. 이런 문제들을 해결하기 위해 「전지를 작게 해 근거리 이동전용」으로 하자는 움직임이 있다. 이것은 EV의 소형화를 의미하는데, 이 방법으로 어느 정도 문제는 해결된다.

2~3인승 초소형 전기자동차는 도시 내의 근거리 이동이나 시골에서의 교통수단으로 활용할 수 있을 것으로 기대되고 있다. 그러나 아직 가격적인 문제가 있어서 에어컨이 있는 쾌적한 경자동차보다도 가격이 비싸기 때문에 과제라 할 수 있다.

▲ 초소형 전기자동차 「혼다 MC-β」

하이브리드 자동차 시스템

하이브리드 자동차는 다양한 방식이 있어 구조도 제각각이다.
여기서는 도요타 프리우스를 예로 살펴보겠다.

하이브리드 자동차란 2개의 다른 동력원을 가지며(가솔린 등의 내연기관 엔진과 전기 모터 등) 통상적인 납축전지 이외에 용량이 많은 2차전지를 장착하고 회생 에너지를 동력으로 사용하는 자동차를 말한다. HV Hybrid Vehicle 이나 HEV Hybrid Electronic Vehicle 로도 부른다.

HV의 특징으로는 감속할 때의 에너지를 배터리로 회수(회생)해 전기 에너지로 만듦으로써 그 전력을 출발이나 가속 등 필요할 때 모터로 보내 구동력을 얻어 주행 시 내연기관 엔진의 연소 사용량을 줄이는데 있다. 모터 출력도 추가되기 때문에 내연기관 자체를 똑같은 차량보다 작게 만들 수 있지만, 그 이상으로 배터리나 모터 등을 더해야 하는 구조이므로 복잡하고, 차량 가격도 비싸진다. 차량 가격이 비싸다는 점을 감안하면 주행에 따른 연료비용을 얼마만큼 절약하느냐가 중요하다. 감속할 때의 회생 에너지를 저장해둔 배터리로 얼마만큼 돌리느냐가 포인트이다. 가감속이 적은 고속도로나 긴 오르막길 등에서는 진가 발휘가 어렵다.

■ HV의 구조 [예, 도요타 프리우스]

엔진
대부분의 하이브리드용 엔진은 모터와의 하이브리드 구동을 전제로 해서 애트킨슨 사이클의 고효율 에너지를 이용하고 있다.

동력 분할기구
엔진에서 발생한 동력을 구동 모터와 제너레이터로 배분하는 장치. 파워트레인의 동력에 여유가 있을 경우 제너레이터로 동력을 보내 충전한다. 효율적으로 배분하기 위해 유성기어 기구를 사용한다.

모터
교류 동기 모터를 이용한다. 저속~고속 회전까지 큰 토크를 효율적으로 발생하기 위해 모터의 회전과 토크를 제어해 사용한다.

제너레이터(발전기)
모터와 반대로 외부의 힘으로 모터를 회전시키면서 전기를 만든다. 이 원리를 이용해 구동바퀴의 회전력으로 발전을 일으켜 배터리에 충전한다.

리덕션 기어
모터의 토크를 증폭시키기 위한 감속장치. 모터의 구동력에서 회전수를 떨어뜨려 바퀴로 전달함으로써 토크를 증폭시켜 큰 구동력을 일으킨다.

파워 컨트롤 유닛

직류·교류를 변환해 전원 전압을 적절하게 조정하는 장치로서 인버터와 가변전압 시스템, DC/DC 컨버터로 구성된다. 인버터는 배터리의 직류 전류를 모터나 제너레이터에서 사용할 수 있도록 교류 전류로 변환하거나, 제너레이터나 모터에서 발전한 교류 전류를 배터리에 충전할 수 있도록 직류전류로 변환하기도 한다. 가변전압 시스템은 모터와 제너레이터 전압을 최대 650V 정도까지 승압해 고출력 모터의 성능을 발휘시킬 뿐만 아니라 시스템 전체의 효율을 높인다. DC/DC 컨버터는 차량의 전장품 전원으로 사용할 수 있도록 배터리나 제너레이서에서 발생하는 고전압을 12V까지 낮춘다.

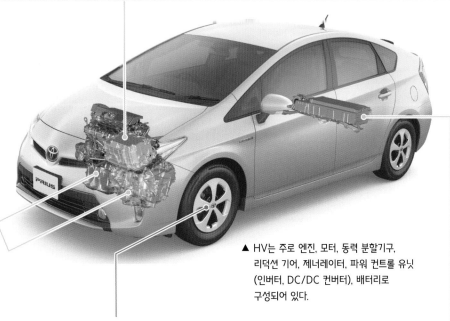

▲ HV는 주로 엔진, 모터, 동력 분할기구, 리덕션 기어, 제너레이터, 파워 컨트롤 유닛 (인버터, DC/DC 컨버터), 배터리로 구성되어 있다.

회생 에너지

감속할 때의 에너지를 브레이크 열로 대기로 보내는 것이 아니라, 발전기를 돌리도록 해 배터리에 충전시킨다. 발전기를 돌리기 때문에 엔진 브레이크 같은 느낌으로 감속한다.

배터리(2차전지)

소형 리튬이온 전지 또는 니켈수소 전지를 모아서 연결해 하나의 팩으로 만든 다음, 그것을 모아서 필요한 전압에 맞게 케이스에 넣어 사용한다. 배터리는 충·방전할 때 열을 일으키는데, 고온으로 올라가면 열화되기 때문에 축전지 케이스에는 냉각 시스템(흡배기 덕트나 팬)이 장착되어 있다.

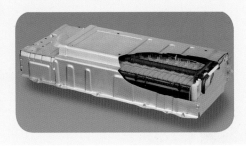

하이브리드 자동차의 종류

HV에는 다양한 방식이 있다. 그 가운데 대표적인 3가지 방식을 살펴보겠다.

1 직렬형 하이브리드 방식

엔진은 발전으로만 사용하고 모터로 구동과 회생을 하는 방식이다. 레인지 익스텐더라고도 한다. EV에 발전용 엔진을 장착한 형태로서, 엔진으로 발전기를 구동하고 발생된 전력을 대용량 배터리에 일단 저장한 다음, 그 전력으로 모터를 구동시켜 주행한다.

EV의 과제 가운데 하나인 운행거리가 짧은 점에서는 이 방식을 이용하면 엔진으로 발전이 가능하기 때문에 가솔린 등의 연료를 보급함으로써 이 결점을 극복한다.

다만, 외부 전원으로 충전해 EV로서의 운행거리 내에서만 주행하는 식으로 사용하면 엔진이나 연료 탱크 등은 사용할 수 없게 된다.

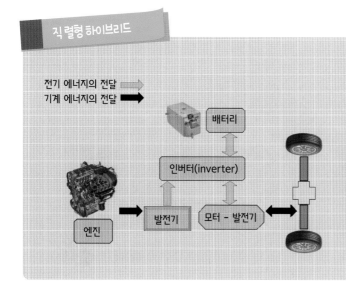

직렬형 하이브리드

전기 에너지의 전달
기계 에너지의 전달

배터리

인버터(inverter)

엔진

발전기

모터 - 발전기

엔진으로 발전기를 돌려 전기를 만들어 배터리에 충전한다. 배터리에 충전된 전기를 사용하여 모터를 돌림으로써 자동차를 움직인다(엔진이 구동바퀴를 직접 움직이는 일은 없다). 전기 자동차의 기술을 응용한 것으로서 「1회 충전할 경우 주행거리가 짧다」는 전기 자동차의 약점을 보완하기 위해 개발된 방식이다.

■ 직렬형 방식의 예

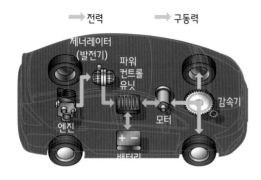

→ 전력   → 구동력

제너레이터 (발전기)
파워 컨트롤 유닛
감속기
엔진
모터
배터리

■ 병렬형 방식의 예

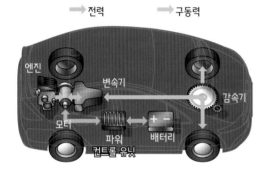

→ 전력   → 구동력

엔진
변속기
감속기
모터
파워 컨트롤 유닛
배터리

② 병렬형 하이브리드 방식

엔진은 일반적인 가솔린 엔진과 거의 동등한 출력을 발휘하며, 변속기가 있어서 이것을 매개로 바퀴를 구동한다. 동시에 모터를 이용해서 구동을 할뿐만 아니라 회생브레이크로 발전(충전)도 한다.

회생 브레이크의 발전기로도 이용하는 모터는 출발 또는 가속할 때에도 엔진을 서포트한다. 가솔린 엔진 자동차를 메인으로 삼은 구성이기 때문에 모터 어시스트 방식으로도 부른다.

모터가 하나라 배터리 용량이 작고 가벼우며 가격도 싸다. 연비의 밸런스를 고려한 시스템이라고 할 수 있다. 그러나 회생이나 2개의 동력원을 살리기 위한 제어는 복잡하다. 또한 구동을 동시에 할 수 없다. 혼다 IMA 등이 대표적이다.

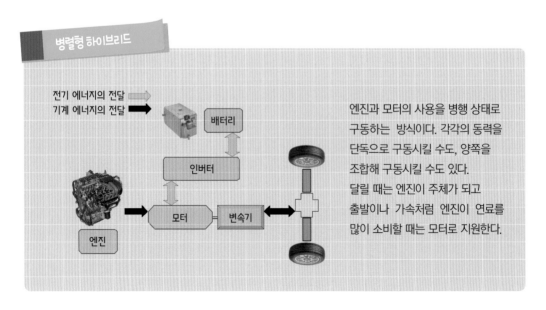

병렬형 하이브리드

전기 에너지의 전달 ⇨
기계 에너지의 전달 ➡

배터리
인버터
모터   변속기
엔진

엔진과 모터의 사용을 병행 상태로 구동하는 방식이다. 각각의 동력을 단독으로 구동시킬 수도, 양쪽을 조합해 구동시킬 수도 있다. 달릴 때는 엔진이 주체가 되고 출발이나 가속처럼 엔진이 연료를 많이 소비할 때는 모터로 지원한다.

③ 직·병렬형 하이브리드 방식

모터와 엔진 2가지 동력으로 바퀴를 구동하면서 별도로 설치한 제너레이터(발전기)로 주행 중에 발생하는 여분의 에너지나 감속할 때의 회생 에너지를 사용해 발전할 수 있다. 에너지 회수율이 높고 연비효과가 높은 방식이라 할 수 있다.

배터리에 충전된 전기를 이용해 출발할 때나 저속으로 주행할 때는 모터로만 주행하거나 고속도로에서는 엔진과 모터 양쪽을 주행하는 식으로 주행조건에 맞춰 세밀하게 제어할 수 있다.

그러나 병렬형 방식에 비하면 모터 2개를 사용하는 만큼 가격이 비싸지고 중량이 무거워진다. 일반적으로는 2모터 방식으로도 부르며 THS Toyota Hybrid System 등이 대표적이다.

■ 직·병렬형 방식의 예

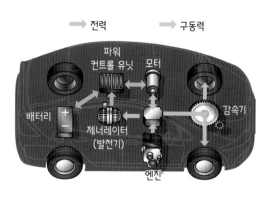

직·병렬형 하이브리드

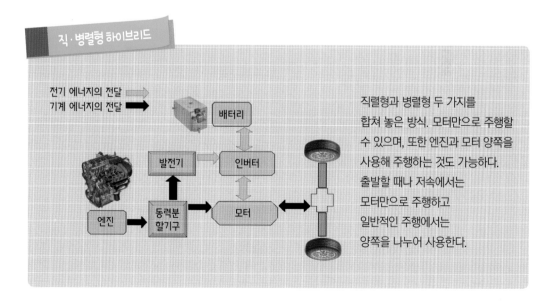

직렬형과 병렬형 두 가지를 합쳐 놓은 방식. 모터만으로 주행할 수 있으며, 또한 엔진과 모터 양쪽을 사용해 주행하는 것도 가능하다. 출발할 때나 저속에서는 모터만으로 주행하고 일반적인 주행에서는 양쪽을 나누어 사용한다.

병렬형 하이브리드 자동차의 친구 같은 존재로, 제너레이터에 주행 어시스트를 위한 모터 기능을 갖춘, 소위 말하는 마일드 하이브리드라는 것이 있다.

리튬이온 전지(HV의 2차 전지로서는 소형) 등을 갖추고 있어서 감속할 때의 회생 에너지를 그 전지에 축전했다가 주행할 때 사용할 수 있다.

또한 충격이 직은 ECO 모드를 징착해 병렬링 방식에 가까운 시스템으로 만든 것도 있다. 전부 다 가격이 비싼 배터리를 소량으로 장착함으로써 시스템 가격과 연비효과를 고려한 시스템을 하고 있다. 그 밖에 FF 가솔린 엔진 자동차의 뒷바퀴를 모터로 구동함으로써 4WD가 되는 시스템(e-4WD)이 있다.

이것은 엔진과 모터를 병행하고 있다는 점에서는 하이브리드라고 할 수 있지만, 리튬이온 전지 등을 답재하지 않고 회생 에너지를 사용하지 않기 때문에 일반적으로는 하이브리드라고는 하지 않는다.

마일드 하이브리드의 예

주행 어시스트 모터 겸용 제너레이터는 감속할 때는 발전해 납축전지나 소형 리튬이온 전지에 충전하고, 가속할 때는 구동 모터로서 엔진을 서포트한다.

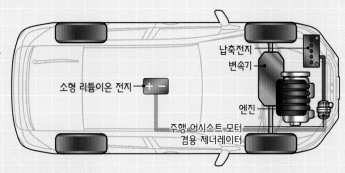

소형 리튬이온 전지 ㅡ
납축전지
변속기
엔진
주행 어시스트 모터 겸용 제너레이터

e-4WD 시스템의 예

모터로의 전력공급은 배터리를 개입하지 않고 발전기에서 직접 보낸다.

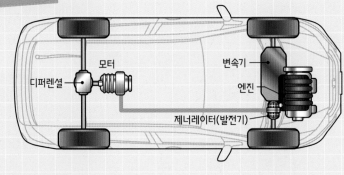

디퍼렌셜
모터
변속기
엔진
제너레이터(발전기)

5 하이브리드 자동차의 주행

HV는 엔진과 모터 양쪽을 구동력으로 삼기 때문에 제어가 매우 중요하다.

1 동력 배분

직·병렬형 방식의 HV는 주행할 때 동력원이 엔진과 모터 2가지이기 때문에 컴퓨터(ECU) 제어를 통해 엔진이나 모터의 출력 특성, 배터리 잔량을 고려해 효과적으로 동력을 배분한다. 또한 효과적으로 충전한다.

일반적으로 출발부터 저속주행까지는 모터의 토크 쪽이 엔진 토크보다 크기 때문에 모터 중심으로 주행한다. 또한 모터를 구동시키는 전기는 회생 브레이크로 배터리에 충전되기 때문에 충전량을 얼마나 효율적으로 하느냐가 연비향상의 핵심이다.

그러나 액셀러레이터 페달에서 발을 떼었을 때 회생을 크게 잡으면 급하게 감속하기 때문에 가능한 위화감을 느끼지 않도록 제어한다.

2 상황별 동력 배분

출발

출발할 때는 모터로 움직인다. 모터는 저속 회전에서도 토크가 크기 때문에 모터의 구동력만으로 출발한다.

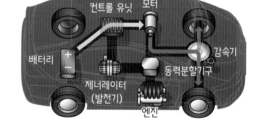

저속주행

저속영역에서 모터는 토크가 크기 때문에 효율이 좋지만, 엔진은 토크가 작아 효율이 좋지 않으므로 모터로 주행한다. 배터리 충전량이 적을 경우에는 엔진 동력으로 발전해 모터를 구

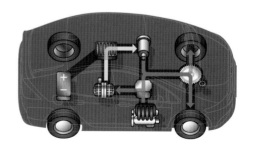

160

동시킨다. 또한 주행조건에 의해 엔진으로 주행하는 경우도 있다.

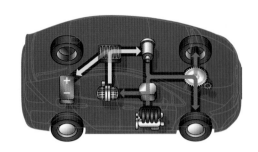

통상주행

정상적으로 주행할 때는 엔진이 주동력이지만 주행상황에 따라 ECU제어를 통해 최적의 구동, 회생 등을 하도록 되어 있다. 예를 들면, 엔진 동력에 여분의 에너지가 있을 경우 제너레이터를 사용해 전기로 변환함으로써 낭비없이 배터리에 축전한다.

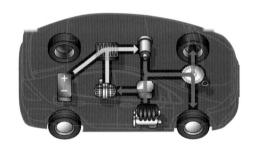

고속주행

급경사진 오르막길이나 추월할 때와 같이 강한 가속력이 필요한 경우 모터와 엔진 2가지 동력을 사용해 대응한다. 이때 배터리의 축전량이 적으면 모터는 구동하지 않는다.

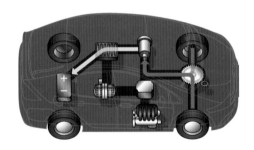

감속

액셀러레이터 페달을 느슨하게 밟거나 브레이크 페달을 밟거나 하는 감속 상황에서는 바퀴의 회전력으로 모터를 돌려 발전함으로써 감속하는 에너지를 전기 에너지로 변환한다. 브레이크 페달을 밟을 때는 더 강하게 회생하게 되는데, 그 정도는 ECU에서 관리한다.

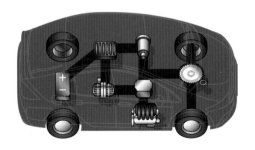

정차(아이들링 스톱)

신호대기 등의 상황에서 자동차를 멈추었을 때 엔진이나 모터, 제너레이터를 정지시킴으로써 아이들링에 따른 에너지 소비를 억제한다.

6 플러그 인 하이브리드

콘센트에 플러그를 꽂아 직접 배터리에 충전할 수 있는 HV가 있다.

플러그 인 하이브리드는 HV보다 배터리를 많이 탑재해 보통의 근거리는 EV로 주행하고 장거리는 HV로 주행한다.

EV와 HV 양쪽의 기능을 갖고 있으면서 2가지를 구분하여 사용하는 식으로 주행하기 때문에 전기가 끊어질 염려는 없다. **PHV**Plug in Hybrid Vehicle나 **PHEV**Plug in Hybrid Electronic Vehicle로도 부른다.

차종에 따라서 다르지만 EV로서의 주행거리는 30km 정도이다. 그리고 일반 운전자의 80%는 1일 주행거리가 20km 미만이라는 데이터가 있다.

이런 사실로 미루어 볼 때 PHV가 많은 경우에 EV로서 주행하는 것이 가능하다. 그리고 이 경우 엔진 시동을 걸지 않고 가솔린도 사용하지 않는다.

한편 EV로서의 주행거리를 초과하는 주행을 평소에 하는 경우 가솔린을 이용한 HV로 주행하기 위해 보급이 필요하다. 그 가운데 EV 주행 정도(30km)의 가솔린 양은 2리터 정도가 약간 넘는다. 또한 EV와 HV의 기능을 다 갖고 있기 때문에 일반적으로 차량의 무게가 무겁고 고가이다.

PHV의 구조

리튬이온 배터리

엔진

모터

충전구

예시 모델 : 도요타 프리우스 PHV

■ PHV의 특징

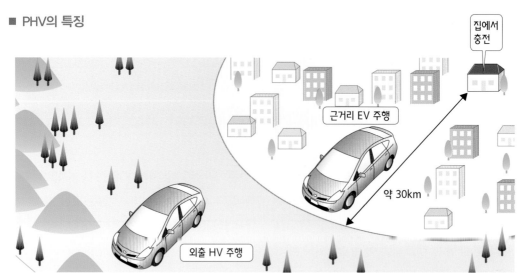

집에서 충전

근거리 EV 주행

약 30km

외출 HV 주행

EV와 HV의 기능을 모두 갖고 있기 때문에 평일의 쇼핑 등과 같이 근거리에서 사용할 경우에는 EV를,
주말 외출은 HV를 사용하는 식으로 구분해 사용할 수 있다.
또한 재해 시에는 비상용 전원으로도 이용이 가능하다.

아이들링

정차 시에 엔진이 멈추지 않는 범위에서 최대한 스로틀 밸브를 닫아 약간의 연료로 엔진을 돌리는 상태를 아이들링이라고 한다.

그러나 출발·정차가 비교적 많은 시내에서는 그 약간의 연료도 연비악화에 영향을 준다. 또한 불필요한 배기가스를 발생시켜 환경에도 나쁘기 때문에 아이들링을 하지 말도록(아이들링 스톱) 권장하고 있다.

최근에는 신호정차 시 등에 엔진이 자동으로 정지하는 「아이들링 스톱 시스템」을 탑재한 자동차가 많아졌다.

하이브리드 자동차는 그 구조상, 모터제어 시스템 속에서 할 수 있지만 일반적인 가솔린 엔진 자동차에서는 스타터 모터의 사용빈도가 급증하기 때문에 아이들링 스톱 시스템에 대응하는 높은 내구성 스타터 모터나 고성능 배터리를 사용한다.

■ 아이들링 스톱

OFF
1000 × rpm

7 연료 전지 자동차(FCV)

자동차에 충전한 수소와 대기 중의 산소로 발전한 다음,
그 전력으로 모터 주행하는 자동차를 FCV라고 한다.

연료전지 자동차는 전지와 모터로 주행하기 때문에 EV의 일종이라고도 할 수 있지만, 전지는 외부전원에서 충전하는 배터리(2차 전지)가 아니라 차량탑재 탱크에 넣어 둔 수소와 대기 중의 공기를 이용해 발전하는 장치(연료전지)를 탑재하고 있다. 이 연료전지로 모터를 구동해 주행한다. FCVFuel Cell Vehicle로도 부른다.

HV와 같이 일반적인 납축전지 이외의 2차 전지도 탑재하고 있기 때문에 회생 에너지를 저장해 놓았다가 필요할 때 동력 등으로 사용한다.

가솔린 등과 마찬가지로 수소를 차량탑재 탱크에 충전해 놓기만 하면 되기 때문에 EV 같은 전력 공급의 중단도 없고 1회 풀 충전으로 가솔린 엔진보다 더 오래 달릴 수 있다. 배출성분이 물뿐이기 때문에 차세대 환경 대응차로서 가장 유력한 후보로 주목 받고 있다. 또한 재해 시에는 비상용 전원으로도 이용이 가능하다.

■ FCV의 구조 [예, 도요타 MIRAI]

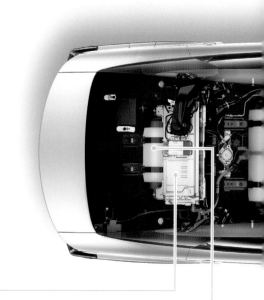

배터리(2차 전지)
충·방전이 가능한 2차 전지로서 감속할 때의 회생 에너지를 충전하고, 가속할 때는 연료전지의 출력을 어시스트한다. MIRAI는 니켈수소 배터리를 탑재하고 있다.

고압수소 탱크
MIRAI에는 70MPa의 고압수소 탱크가 탑재되어 있다. 최신 탱크는 수소를 가두는 플라스틱 라이너, 내압강도를 확보하는 탄소섬유강화 플라스틱층, 표면을 보호하는 유리섬유강화 플라스틱층의 3층 구조로 되어 있다.

연료 전지(FC 스택)

수소와 산소의 화학반응을 이용해 전기를 만드는 발전장치. 수소를 연료 전지의 마이너스 극에 공급하고 산소를 (+) 극에 공급해 전기를 발생시킨다. 연료 전지는 셀이라 불리는 낱개의 전지로 구성되어 있는데 수 백 개의 셀을 직렬로 접속해 전압을 높인다. 셀을 겹치게 해 하나로 만든 것을 연료 전지 스택 또는 FC 스택이라고 부르며, 일반적으로 연료 전지라고 할 때는 이 연료 전지 스택을 가리킨다. 연료 전지의 큰 특징은 에너지 효율이 좋다는 점과 유해물질을 배출하지 않는다는 점에 있다. 수소를 연소하지 않고 직접적으로 전기를 이끌어낼 수 있기 때문에 이론적으로는 수소가 가진 에너지의 83%를 전기 에너지로 바꿀 수 있다. 가솔린 엔진과 비교하면 현시점에서 2배 이상의 효율을 자랑한다.

파워 컨트롤 유닛

직류 전류로 발생한 전기를 모터 구동용인 교류 전류로 변환하는 인버터와 구동용 배터리의 전기를 입출력시키는 DC/DC 컨버터 등으로 구성되어 있다. 다양한 운전상황 하에서 연료 전지의 출력과 2차 전지의 충방전을 세밀하게 제어한다.

모터

MIRAI의 모터는 교류 동기 모터를 사용하고 있다. 감속할 때는 발전기로 기능하여 에너지를 회수한다.

FC 승압 컨버터

MIRAI에서는 대용량 FC승압 컨버터를 사용해 모터를 고전압화하고 있다. 이를 통해 FC 스택의 셀 수를 줄임으로서 시스템의 소형·경량화를 도모한다.

8 연료·니켈수소·리튬이온 전지

전기를 충전 또는 발전시키기 위해 전지를 탑재하고 있다.

1 연료 전지의 구조와 작동

일반 배터리(2차전지)는 외부에서 충전해 사용하지만, 연료 전지는 발전기처럼 스스로 발전하는 전지이다. 연료전지는 셀이라 부르는 단전지로 구성되어 있다. 셀은 샌드위치 구조로서 (+)전극과 (−)전극이 전해질 막을 사이에 두고 있다.

일반 전지의 전해액 대신에 전해질을 사용한 건전지를 평평하게 한 것이라고 생각하면 된다.

하나의 셀 전압은 1V 이하일 정도로 작기 때문에 많은 셀을 직렬로 접속해 전압을 높이고 있다.

셀은 두께가 몇 mm 정도되는 판 위에 압축되어 있는데, 셀의 (+)전극과 (−)전극에는 수많은 가느다란 홈이 있다.

이 홈을 외부에서 공급되는 산소와 수소가 전해질 막을 사이에 두고 통과함으로써 화학 반응이 일어나 전기가 발생한다.

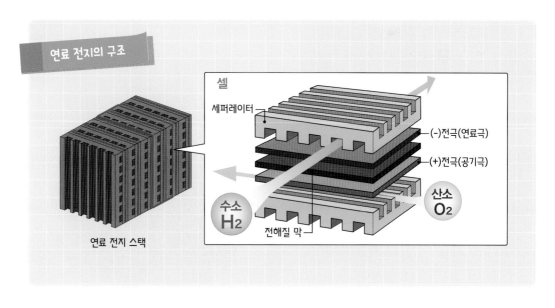

연료 전지의 구조

연료 전지 스택

셀
세퍼레이터
(−)전극(연료극)
(+)전극(공기극)
수소 H2
산소 O2
전해질 막

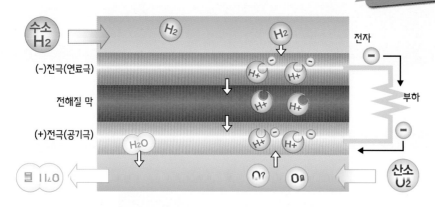

(−)전극과 (+)전극은 기체가 통과하는 구조로 되어 있다. (−)전극으로 공급된 수소는 전극 속의 촉매활동으로 전자를 방출해 수소이온이 된다. 전해질 막은 이온만 통과시키는 성질이 있기 때문에 전자는 외부회로로 나감으로써 (−)전극에서 (+)전극으로 흐른다(전자가 흐른다=전기발생). 수소이온은 전해질 막을 통과해 (+)전극으로 이동한다. 거기서 플러스극에 공급된 산소와 외부회로를 지나 온 전자가 붙으면서 물이 생성된다.

② 니켈수소 전지

니켈수소 전지는 기능적으로 안전성이 뛰어나고 비교적 가격도 싸기 때문에, EV만큼 에너지 밀도를 필요로 하지 않는 HV의 2차 전지로 사용하고 있다.

(+)전극에 이산화니켈, (−)전극에 수소흡장 합금을 사용한다. 양극 간에 세퍼레이터(폴리올레핀 제품의 얇은 부직포 또는 수지 시트)를 사이에 넣어 롤 케익처럼 둘둘 만 것을 건전지 단 1형의 금속용기에 넣고 전해액으로 농수산화 칼륨 수용액을 넣어 밀폐시킨 것이다.

1개의 출력 전압은 1.2V이다. 전지 몇 개(일반적으로 6개)를 직렬 2개로 늘어놓은 것을 1

모듈이라고 한다. 이 모듈을 10개 이상 직렬로 연결해 사용한다.

■ 니켈수소 전지의 구조

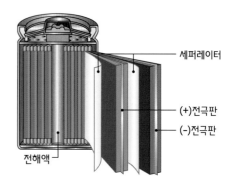

세퍼레이터

(+)전극판

(−)전극판

전해액

③ 리튬이온 전지

리튬이온 전지는 대표적인 2차 전지이다. (+)전극의 코발트산 리튬 등의 천이금속 복합 산화물, (-)전극의 탄소, 전해질의 비수계전해액, (+)전극과 (-)전극을 사이에 끼고 있는 세퍼레이터로 구성되어 있다.

충전할 때는 (+)전극에서 (-)전극으로, 방전할 때는 (-)전극에서 (+)전극으로, 전자를 방출한 리튬이온이 이동함으로써 전류가 흐른다. 비수계 전해액을 사용하기 때문에 물의 전기분해 전압을 초과하는 높은 전압을 얻을 수 있어서 에너지 밀도가 높다는 점이 특징이다. 그 에너지 밀도가 높기 때문에 EV에 사용하는 것이다.

반면에 과충전이나 과방전일 때는 전지의 이상발열로 이어지는데, 최악의 경우에는 파열이나 발화한다. 안전성 확보를 위해 충방전을 감시하는 보호회로를 통해 제어하는 것이 일반적이다.

■ 리튬이온 전지의 구조

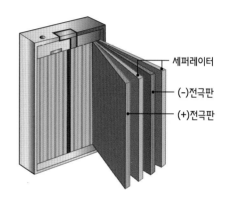

세퍼레이터
(-)전극판
(+)전극판

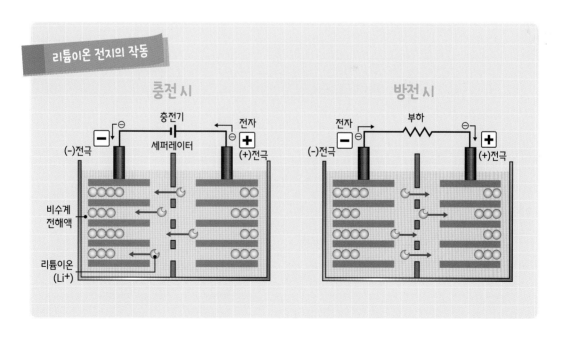

리튬이온 전지의 작동

충전시

(-)전극
충전기
세퍼레이터
전자
(+)전극
비수계 전해액
리튬이온 (Li+)

방전시

전자
(-)전극
부하
(+)전극

가솔린 엔진은 점화 플러그로 가솔린을 연소시키지만, 디젤 엔진은 공기를 강하게 압축해 고온으로 올라간 시점에 경유를 분사함으로써 자연착화시킨다. 토크가 높고 연비가 좋으며 CO_2 배출량도 적지만 경유는 연소가 균일하지 않기 때문에 NOx(질소산화물)나 PM(검은 연기가 되는 검댕이) 같은 유해물질이 생긴다.

그러니 보기에 케일린 세로운 인료분사 시스템인 「커먼레일 시스템」의 등장을 계기로 세밀한 연료 분사 제어가 가능해지면서 완전 연소에 가까이 갈 수 있게 되었다. 이 때문에 NOx와 PM 발생을 줄이는 한편으로 정숙성, 출력과 토크, 연비 등과 같이 디젤 엔진의 전체적인 성능이 비약적으로 향상되었다.

디젤 엔진은 일반적으로 NOx 후처리 장치나 PM을 제거하는 DPF(Diesel Particulate Filter)를 장착하지만 최근에는 실린더 내의 저압축화를 통해 DPF의 소형화와 NOx 후처리장치가 없어지면서 세계적으로도 힘겨운 배기가스 규제에 내응하는 엔진도 등장하고 있다. 이 새로운 디젤 엔진을 클린 디젤이라고 부르며, 전 세계적으로 환경 친화적인 자동차의 주류를 이루고 있다.

■ 디젤 엔진의 구조

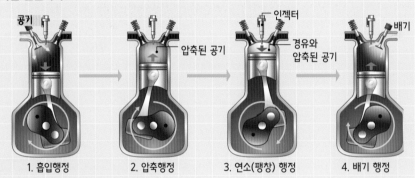

공기 · 인젝터 · 배기 · 압축된 공기 · 경유와 압축된 공기

1. 흡입행정　　2. 압축행정　　3. 연소(팽창) 행정　　4. 배기 행정

■ 클린 디젤 [예, 마쓰다 SKYACTIV-D]

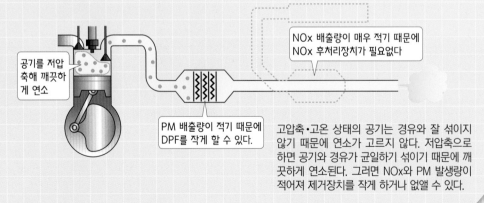

NOx 배출량이 매우 적기 때문에 NOx 후처리장치가 필요없다

공기를 저압 축해 깨끗하게 연소

PM 배출량이 적기 때문에 DPF를 작게 할 수 있다.

고압축·고온 상태의 공기는 경유와 잘 섞이지 않기 때문에 연소가 고르지 않다. 저압축으로 하면 공기와 경유가 균일하게 섞이기 때문에 깨끗하게 연소된다. 그러면 NOx와 PM 발생량이 적어져 제거장치를 작게 하거나 없앨 수 있다.

9 수소 엔진 자동차

수소를 내연기관으로 연소시켜 동력을 얻는다.

수소를 연료로 하는 점에서는 연료 전지 자동차와 똑같지만 연료 전지 자동차가 발전을 위해 수소를 사용하는데 반해 수소 자동차는 수소를 내연기관(엔진)으로 연소시켜 동력을 얻는다.

수소는 물을 분해하여 제조할 수 있기 때문에 화석 연료처럼 '한정된 자원'이 아니다. 또한 연소해도 NOx(질소산화물)는 나오지만 CO_2는 배출되지 않는다. 즉 수소 엔진 자동차도 자원 절약과 환경 측면에서 큰 장점이 있다.

수소를 대량으로 적재하려면 고압으로 하거나 −253℃ 이하의 액체 수소로 하는 것이 이상적이며, 저장하는 용기를 특수하게 제조할 필요가 있다. 심지어 수소 스테이션 등과 같은 인프라 구축 등 보급되기까지는 아직 많은 장애물이 존재한다.

수소와 가솔린 겸용 내연기관
현재의 수소 자동차는 가솔린 엔진을 겸용하는 방식이 일반적이다. Hydrogen 7은 실내 스위치 조작을 통해 연료를 전환할 수 있다.

- ▭ GH2 피드라인
- ▭ 보일오프 파이프
- ▭ 세이프티 블로우 파이프 피드라인
- ▭ 배기 파이프 BMS
- ▭ 에어 인렛 BMS
- ▭ 물 냉각 사이클
- ▭ 가솔린 파이프

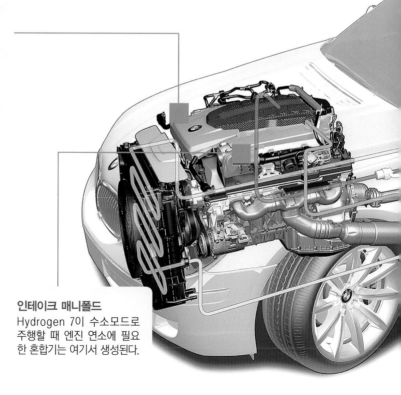

인테이크 매니폴드
Hydrogen 7이 수소모드로 주행할 때 엔진 연소에 필요한 혼합기는 여기서 생성된다.

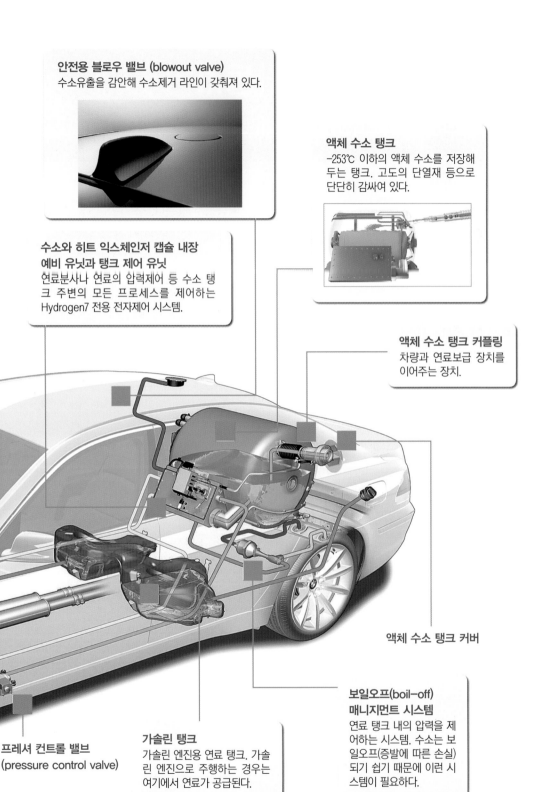

안전용 블로우 밸브 (blowout valve)
수소유출을 감안해 수소제거 라인이 갖춰져 있다.

액체 수소 탱크
-253℃ 이하의 액체 수소를 저장해
두는 탱크. 고도의 단열재 등으로
단단히 감싸여 있다.

**수소와 히트 익스체인저 캡슐 내장
예비 유닛과 탱크 제어 유닛**
연료분사나 연료의 압력제어 등 수소 탱
크 주변의 모든 프로세스를 제어하는
Hydrogen7 전용 전자제어 시스템.

액체 수소 탱크 커플링
차량과 연료보급 장치를
이어주는 장치.

액체 수소 탱크 커버

프레셔 컨트롤 밸브
(pressure control valve)

가솔린 탱크
가솔린 엔진용 연료 탱크. 가솔
린 엔진으로 주행하는 경우는
여기에서 연료가 공급된다.

**보일오프(boil-off)
매니지먼트 시스템**
연료 탱크 내의 압력을 제
어하는 시스템. 수소는 보
일오프(증발에 따른 손실)
되기 쉽기 때문에 이런 시
스템이 필요하다.

10 친환경 자동차의 과제

환경 친화적인 차량을 생각할 때, Well to Wheel이라는 관점이 중요하다.

EV나 HV 등 다양한 환경 대응 차량을 살펴보았는데 제각각 일장일단이 있다.

FCV는 그 환경성 때문에 EV나 HV 등의 일선에 있는 이상적인 환경 대응 차량처럼 이야기되는 경우가 많은데, 수소의 취급이나 수소 충전소 그리고 가격 등과 같은 과제도 많아서 금방은 실용화하기 힘들다. EV는 CO_2 배출량이 제로인데다가 모터구동에 의한 주행으로 다양한 장점이 있지만 운행거리가 짧고 배터리 가격이 비싸다는 점이 과제이다.

HV는 가솔린 엔진보다 더 CO_2 배출량을 줄일 수 있지만, 저연비에 따른 실제 가격적인 장점은 주행조건 등에 따라 달라진다.

또한 EV나 PHV는 충전할 외부 전원을 어떻게 발전하느냐가 중요하다. 예를 들면, 환경 대응 차량으로서 자동차 자체의 CO_2 배출량을 없애거나 삭감했다 하더라도 에너지가 되는 전기가 화력발전으로 만들어진다면 전체적으로 생각했을 때 CO_2가 발생하게 되는 셈이다.

■ LCA와 Well to Wheel

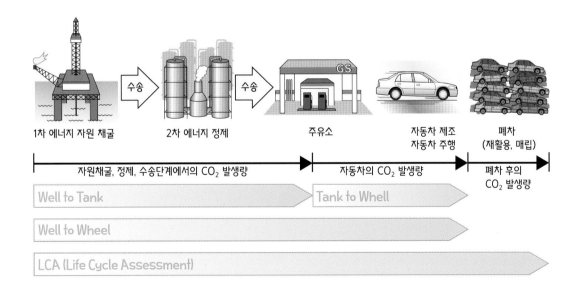

Well to Wheel 이라는 사고법

환경 대응 차량에 대해 생각할 때 자동차 그 자체뿐만 아니라 더 커다란 관점에서 생각할 필요가 있다. 지구환경이라는 관점에서 생각하면 석유의 채굴이나 자동차 제조 시점부터 이미 CO_2가 발생하게 되며, 또 폐차 후의 리사이클이나 매립작업에서도 CO_2가 발생한다.

이런 사실에서 1차 에너지 자원 채굴부터 폐차 후 처리까지 전체적인 CO_2(배출물 등)를 생각해야 한다는 것인데 이것을 LCALife Cycle Assessment라고 한다. LCA는 전체 CO_2(배출물 등)에 의한 지구온난화 등의 환경 영향이나 자원고갈 등에 대한 영향을 객관적으로 정량화하고(임팩트 평가) 이들 평가를 기초로 하여 환경 개선 등에 대한 의사결정을 지원하는 과학적·객관적 근거를 줄 수 있는 방법이다.

이에 반해 1차 에너지 자원 채굴부터 연료가 주유소에 도달할 때까지를 Well to Tank라고 하며, 1차 에너지 자원 채굴부터 자동차가 만들어져 수명이 다하는 때까지를 Well to Wheel이라고 한다.

지구환경에 있어서는 환경 대응차를 만들어 달리기만 한다고 좋은 것이 아니라, 전체적으로 CO_2 대책을 살펴 볼 필요가 있다고 생각한다.

Well to Wheel 카운트의 의의

EV와 디젤 엔진 차량의 배기가스 배출량(CO_2)을 비교하면 주행 중에 CO_2를 배출하지 않는 EV 쪽이 당연히 적게 된다.

그러나 Well to Wheel로 비교하면 아래와 같이 EV 쪽이 CO_2를 많이 배출하는 경우가 있다. 그린 발전(풍력 등)이라고 부르는 자연 에너지로 발전했을 경우는 거의 제로이지만 석탄 등으로 전기를 만들면 EV 쪽이 훨씬 CO_2를 많이 배출할 수 밖에 없다.

이렇게 보면, 단순히 주행할 때 연비가 좋은 자동차가 CO_2배출량이 적은 자동차가 아니라는 것을 알 수 있다. 주행할 때의 CO_2배출량은 그 자동차의 생애 CO_2배출량의 일부분에 지나지 않는다.

■ EV와 디젤 엔진 차량의 CO_2 배출량
  (Well to Wheel)

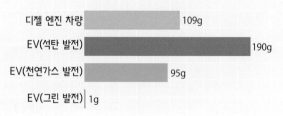

디젤 엔진 차량	109g
EV(석탄 발전)	190g
EV(천연가스 발전)	95g
EV(그린 발전)	1g

20세기에 들어와 자동차 산업이 급속하게 발전하는 시대가 되자 배기가스에 의한 대기오염이나 소음 등 다양한 환경문제가 발생하기 시작했다. 그리고 환경문제에 대응하기 위해 다양한 환경관련법령이 제정되어 왔다.

주목할 요인으로는 1970년 미국에서 E.머스키 연방상원의원이 대기정화법 개정법(통칭 머스키법)을 제안한 것을 들 수 있다. 핵심 사항으로는 「자동차 배기가스 중의 일산화탄소(CO), 탄화수소(HC), 질소산화물(NOx) 배출량을 1970~71년형 자동차의 1/10 이하로 한다」「HC와 CO는 1975년, NOx는 1976년에 「미달 자동차는 기한 이후의 판매금지를 의무화한다」라는 상당히 엄격한 내용이었다.

이 머스키법의 기준에 대해 1972년 일본의 혼다가 CVCC 엔진을 개발해 최초로 통과, 1973년에는 마쓰다의 로터리 엔진도 배기가스 대책기기인 서멀 리액터(Thermal Reactor)를 개량해 통과하기에 이르렀다. 그러나 73년의 석유위기를 계기로 기술상 어려움과 자원절약을 이유로 법안이 수정되면서 실시를 연기, 그 후에도 연기를 거듭하다 당초의 기준이 달성된 것은 1995년이 되어서였다.

또한 같은 미국에서 제정된 CAFE(Corporate Average Fuel Efficiency)라는 규제가 있다. CAFE란 「기업(별) 평균연비」라는 뜻으로서, 실제로 판매한 자동차 전체(대상이 되는 것은 승용차와 미니밴 등을 포함한 소형 트럭)의 평균연비를 산출한 다음 그것을 규제하는 제도이다. 1978년형 자동차부터 도입되어 연비가 기준값을 밑돌지 않도록 의무화하고 있다. 현재의 승용차 기준값은 1갤런 당 35.7마일(1리터 당 약 15.2km)이고, 소형 트럭은 1갤런 당 23.5~28.6마일(1리터 당 약 12.2km)이다.

미국뿐만 아니라 유럽이나 국내에서도 지구환경대책으로 엄격한 규정값이 정해져 있다.

자동차의 미래
우리의 생활

자동차는 탄생 이후로 사람들의 생활과
편리성·쾌적성 향상에 깊숙이 기여해 왔다.
그러나 주행 시 CO_2를 배출하고
제조 시에도 많은 에너지를 사용하는 등
자동차는 지구 환경에 부담을 주는 존재이기도 하다.
현재는 끊으려고 해도 끊을 수 없을 만큼
인간 사회와 연결되어 있는 자동차,
과연 앞으로는 어떻게 진화되어 갈까?
마지막 장에서는 향후 예측할 수 있는
자동차의 미래에 대해,
자동차와 우리의 생활 양쪽 측면에서 살펴보겠다.

1 수소 에너지

현재 자동차는 화석 에너지를 주로 사용하고 있지만,
가까운 미래에는 수소에너지가 주를 이루게 될지도 모른다.

자동차뿐만 아니라 많은 국가의 에너지 대부분은 화석 에너지를 주원료로 삼고 있는데, 이 때문에 대기오염과 지구온난화, 석유 고갈 등의 문제가 발생하고 있다. 자동차가 사회와 공존해 진화해 나가기 위해서는 지구환경이나 에너지까지 포함해서 생각하는 것이 중요하다.

그런 가운데 일본 정부는 2014년 새로운 에너지 정책의 방향성을 제시했는데, 기본계획에는 「수소는 다양한 1차 에너지원에서 다양한 방법으로 제조할 수 있다」 「기체, 액체, 고체처럼 모든 형태로 저장·수송이 가능」 「이용방법에 따라서는 뛰어난 에너지효율, 낮은 환경부담, 비상

화석연료

수소는 다양한 연구를 통해 석유·석탄·천연가스 등의 화석연료에서 만들어 낼 수 있다.

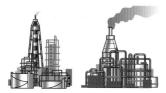

정유소·제철소

수소는 석유나 철을 정제할 때, 부생수소로 발생한다.

자연에너지·바이오매스

수소는 물의 전기분해를 통해 태양광·풍력·지열 등과 같은 자연에너지에서 만들어 낼 수 있다.

수소는 목재나 쓰레기, 가축의 분뇨 등과 같은 바이오매스에서 만들어 낼 수 있다.

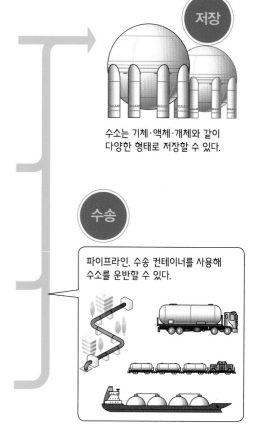

수소는 기체·액체·개체와 같이 다양한 형태로 저장할 수 있다.

파이프라인, 수송 컨테이너를 사용해 수소를 운반할 수 있다.

시 대응 등의 효과가 기대된다」「미래 2차 에너지의 중심적 역할을 담당할 것으로 기대된다」라고 명시하고 있다. 이에 수소를 본격적으로 이용·활용하는 수소에너지 실현에 대한 대응을 가속화할 계획이다.

이 수소에너지를 예측해 보자면 도시 안에는 많은 연료전지 자동차가 달리고 있고 그 에너지가 되는 수소를 공급하는 수소 충전소는 현재의 주유소만큼 도시 곳곳에 존재하게 된다. 또한 연료전지 자동차는 가정용 승용차뿐만 아니라 버스나 택시, 운송용 트럭 등으로도 이용하게 될 것이다. 자동차뿐만 아니라 전차나 비행기 등에도 연료전지를 이용하게 될지 모른다. 이동수단뿐만이 아니다. 라이프 라인에 수소가 등장해 가정이나 오피스 빌딩에 갖춰진 연료전지에 보냄으로써 전기를 조달할지도 모른다.

이와 같은 수소 에너지는 CO_2배출량을 현격하게 절감함으로써 지구환경에 좋은 영향을 갖고 올 것이다. 현재 상태에서는 아직 연료전지 자동차의 보급에 많은 과제가 있지만 도입이나 수소 에너지를 향한 다양한 연구를 펼쳐나갈 필요가 있다.

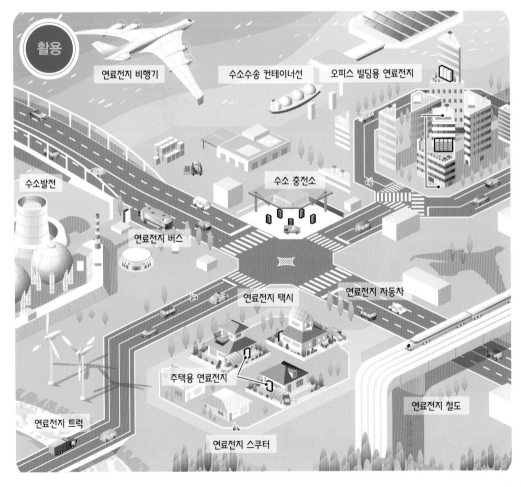

활용

연료전지 비행기　수소수송 컨테이너선　오피스 빌딩용 연료전지

수소발전

수소 충전소

연료전지 버스

연료전지 택시　연료전지 자동차

주택용 연료전지

연료전지 트럭

연료전지 스쿠터

연료전지 철도

2 자율 주행 자동차

정말로 자동으로 움직이는 「자동차」의 연구가 진행되어
조금씩 형태를 갖추면서 등장하고 있다.

① 현재의 자율 주행

자율 주행 자동차란 레이더, LIDAR(레이저 빛을 이용한 리모트 센싱 기술), GPS, 카메라 등으로 주위나 위치정보 등을 파악한 다음 AI (인공지능)이나 제어기술을 구사해 목적지를 지정하는 것만으로 사람 대신에 스스로 안전하게 운전하는 자동차를 말한다. 공공도로를 주행하는 자동차로는 아직 시판되지 않지만, 자동 파킹이나 차선유지 등과 같은 부분적인 기술로서는 시판차량에 탑재되고 있다.

이미 실용화되어 있는 것으로는 이스라엘 군에서 사용하고 있는 무인차량으로서 이 차량은 사전에 설정된 루트를 순찰한다. 또한 해외의 광산이나 건설현장 등에서 사용하고 있는 덤프트럭 등과 같은 무인운행 시스템이 있다.

자동 주행 기술의 예 #1
인텔리전트 파킹 어시스트

닛산의 인텔리전트 파킹 어시스트는 탑 뷰(중앙 위에서의 영상)를 보고 자동차의 주차 위치를 지정하면 그 위치를 향해 자동으로 핸들이 움직이는 시스템이다.

운전자는 액셀러레이터와 브레이크의 조작, 주변안전 확인만 전념할 수 있다. 작동방식은 차체에 탑재된 프런트, 리어, 사이드 미러(양쪽)에 있는 4개의 카메라 영상을 변환해 탑 뷰를 만든 다음 자동차가 주변 상황을 판단한다.

■ 인텔리전트 파킹 어시스트의 개요

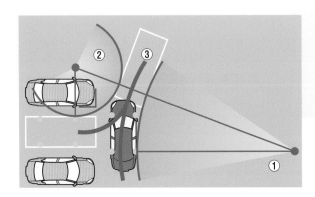

인텔리전트 파킹 어시스트는 「① 해당차량의 회전반경 중심」 「② 인접차량에 간섭받지 않는 구역」 「③ 목표 주차위치까지 해당차량의 궤적 시뮬레이션」을 파악해 지정한 주차위치로 자동차를 안내한다.

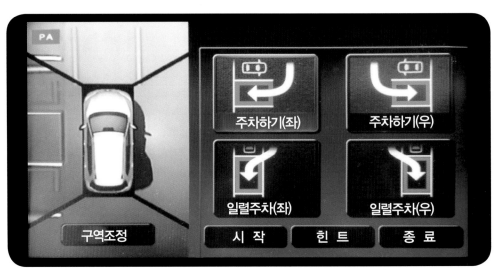

카메라는 프런트, 리어, 사이드 미러 양쪽에 장착되어 있다. 이 카메라를 통해 주변상황을 파악한다.
탑 뷰는 카메라가 포착한 영상을 변환해 만들게 된다.

자동 주행 기술의 예 #2
무인 덤프트럭 운행 시스템

고마츠의 무인 덤프트럭 운행 시스템(AHS : Autonomous Haulage System)은 고정밀GPS나 장애물 인지 시스템, 각종 컨트롤러, 무선 네트워크 시스템 등을 탑재한 덤프트럭을 중앙 관제실에서 운행을 관리함으로써, 광산의 광석 적재장부터 배토장까지의 이동, 하역을 무인으로 가동시키고 있다.

중앙 관제실에서 목표로 하는 주행 코스와 속도정보를 무선으로 덤프트럭으로 전송하면 덤프트럭은 고휘도 GPS 및 추측항법으로 자신의 위치를 파악하면서 목표코스를 목표속도로 주행한다.

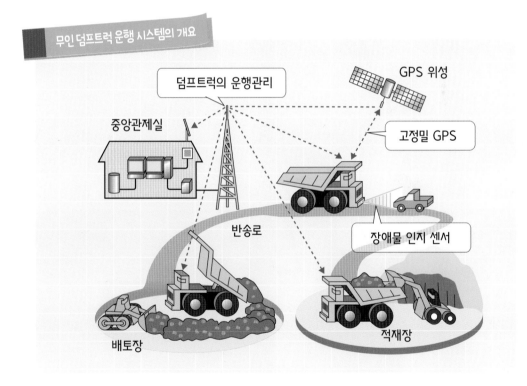

무인 덤프트럭 운행 시스템의 개요

덤프트럭의 운행관리

GPS 위성

중앙관제실

고정밀 GPS

반송로

장애물 인지 센서

배토장

적재장

② 꿈의 완전 자율 주행

자율 주행의 최대 장점은 인위적인 실수가 없기 때문에 사고가 제로라는 점도 있지만 사람이 갈 수 없는 환경에서의 운전 등도 기대가 되고 있다.

완전한 자율 주행이 되면 주행 중의 차량간격을 줄일 수 있고, 주행차선 폭도 좁힐 수 있으며, 속도도 높일 수 있기 때문에 도로 위의 자동차를 효율적으로 주행시킬 수 있다. 이런 효율은 교통량을 몇 배로 늘릴 가능성이 있

다. 또한 효율적으로 주행할 수 있기 때문에 자동차에 사용하는 에너지를 줄일 수 있는 등 수많은 장점이 있다.

완전 자율 운전을 구현하는 방법으로는 도로 인프라를 중시해야 한다는 주장과 차량탑재 센서나 네트워크를 통한 정보를 중시해야 한다는 주장이 있지만, 아직 연구단계이기 때문에 앞으로의 개발이 기대된다.

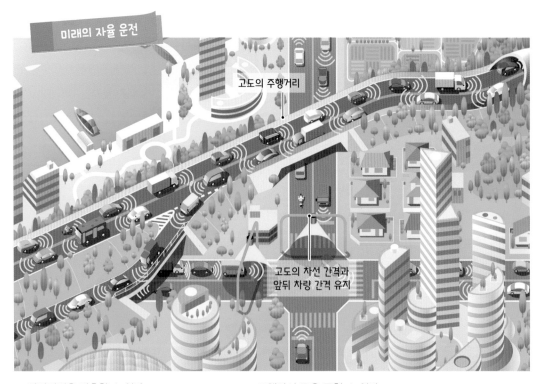

미래의 자율 운전

고도의 주행거리

고도의 차선 간격과
앞뒤 차량 간격 유지

- 차량간격을 단축할 수 있다.
- 속도를 높일 수 있다.
- 자동차에 사용하는 에너지를 줄일 수 있다.
- 주행차선 폭을 좁힐 수 있다.
- 교통량을 몇 배로 늘릴 수 있다.
- 자동차 사고가 제로가 된다.

3 텔레매틱스

자동차는 운전자의 의도에 따라 단독으로 주행할 뿐만 아니라
외부와 관계를 가지면서 주행하기 시작하고 있다.

① 자동차의 IT화

현재 주행이나 제동 등과 같이 자동차의 기능을 적절하게 제어하는 것은 컴퓨터(ECU)이다. 기계라고 생각했던 자동차가 이미 컴퓨터 제어 없이는 움직이지 못하게 되었다.

지금은 컴퓨터를 탑재한 자동차에 통신 시스템까지 탑재해 외부와 소통하게 되면서 자동차와 관련된 다양한 정보 서비스를 받을 수 있다. 이것을 텔레매틱스라고 한다.

현재의 텔레매틱스는 각 자동차 메이커마다 독자적으로 서비스하는 것이 중심이긴 하지만 각 자동차의 주행상황을 외부 센터에서 파악해 정체를 피하는 루트 안내나 사고를 일

으켰을 때 구급센터로 자동으로 발신하는 등, 다양한 서비스가 등장했다.

이처럼 자동차는 외부의 사회시스템과 연결되면서 주행하고 있다. 마찬가지로 자동차에 통신 시스템을 탑재하고 사람과 도로, 자동차 사이에서 정보를 주고받음으로써 도로교통이 안고 있는 사고나 정체나 환경대책 등, 다양한 과제를 해결하기 위한 시스템을 ITS(Intelligent Transport System : 고도의 도로교통 시스템)라고 한다. 이 시스템은 현재 자동차 내비게이션이나 VICS(도로교통 정보통신 시스템), ETC 등 실용화된 것도 있다.

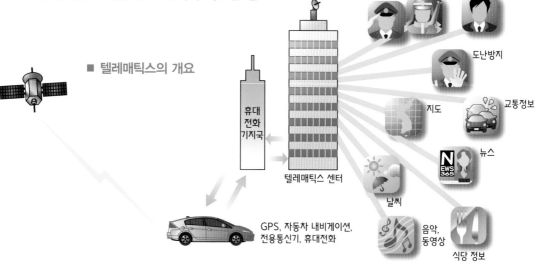

■ 텔레매틱스의 개요

휴대전화 기지국

텔레매틱스 센터

GPS, 자동차 내비게이션, 전용통신기, 휴대전화

긴급정보
메인터넌스 정보
도난방지
지도
교통정보
뉴스
날씨
음악, 동영상
식당 정보

② 자동차 텔레매틱스의 미래

텔레매틱스가 진화한 미래의 자동차 사회에서는 영업용 차량들이 GPS 기능을 갖춘 차량탑재 기기를 장착해 멀리 떨어진 장소에서도 차량의 운행상황을 쉽게 파악할 수 있기 때문에 **컴플라이언스·환경·안전·업무 효율화**에 대응할 수 있게 된다.

나아가 음성인식 시스템이나 스마트폰, 클라우드 컴퓨팅의 기술진화로 인해 달리면서도 다양한 정보관리나 통신이 가능해지면서 자동차가 비서 같은 능력까지 갖춘 일종의 지능형 로봇으로 진화할 것으로 예측된다.

또한 텔레매틱스가 진화해 자율 주행이 가능해지면 충돌사고 등이 일어나지 않기 때문에 자동차 형상이 크게 바뀔 것으로 생각된다. 메인 내장 인스트루먼트 패널은 차량탑재 모니터로 바뀌어 크기나 수, 위치 등이 자동차 이동체라고 하기보다 오피스나 거실 같이 변신할지도 모른다. 시트 등의 형상도 크게 바뀔 것으로 예상된다.

IT화가 진행된 미래의 자동차는 지금의 자동차 개념과 완전히 다른 것이 되어 있을 것이다.

텔레매틱스의 미래

4 운전하는 즐거움

인간의 본능에 어필하는 스피드와 스릴. 자동차의 매력은 운전 그 자체에 있었다.

인간은 걸어서 이동한다. 태어나서 1년 정도가 지나면 걷기 시작한다. 그러다가 바로 달리기 시작한다. 달리고 있는 동안에는 대부분 웃고 있다. 달리는 순간의 스피드와 스릴이 재미있는 것이다. 심지어 카트를 타고 힘차게 달리는 아이들은 모두 즐거워한다. 그러다 더 커지면서는 자동차나 버스, 전차 등의 탑승물을 좋아하게 된다.

인간은 본능적으로 자신의 능력을 넘어서는 것이 가능해졌을 때 즐거워진다. 아직 자동차가 드물던 보급기 무렵, 사람들은 일상에서는 맛볼 수 없는 스피드와 스릴에 매료되었다. 이동하기에 편리해 쉽게 보급되었다고도 생각할 수 있지만 본질적으로는 스피드와 스릴이 즐거웠고

자동차의 매력이었다고 생각한다. 스피드와 스릴의 정점은 레이스이다. 직접은 타지 못해도 상식을 뛰어넘는 스피드와 스릴을 느끼기에 충분하다.

이처럼 사람들은 인간 본능에 호소하는 자동차를 재미있게 즐겨왔지만 깨닫고 보니 모든 자동차가 신체의 위험을 느낄 정도로 빨리 달리게 되면서 스릴을 넘어 위험하다고 생각되는 영역으로까지 진화한 것이다. F1 등과 같은 레이스 카의 성능이 향상됨에 따라 드라이버는 커브의 원심력을 견디기 위한 훈련까지 필요할 정도이다.

일반 자동차의 성능도 마찬가지여서 이 이상 빨리 달릴 수 있다 하더라도 그것을 운전할 수

▲ 자동차 레이싱

있는 사람이 없기 때문에 더 이상의 속도를 필요로 하지 않게 되었다.

현재의 자동차 기술의 방향성은 **환경과 안전**이다. 지구환경 측면에서 CO_2배출량 절감을 고려해 개별 자동차뿐만 아니라 전체적인 에너지까지 감안해 기술을 진화시키고 있다. 또한 안전성 면에서는 IT나 텔레매틱스의 진화와 함께 「절대로 사고가 나지 않는 자동차」를 목표로 한 자동차 운전 연구가 활발히 이루어지고 있다. 바야흐로 「자농자」라는 이름에 맞게 「스스로 움직이는 자동차」가 눈앞에 서서히 나타나기 시작한 것이다.

자동차는 스피드와 스릴을 기본으로 한 즐거운 탈 것이었지만 스피드와 스릴의 즐거움을 기본으로 하던 시대는 끝났다. 앞으로는 이동 로봇 같은 존재가 되어 언제까지나 「인간의 배력 장치」로 탈바꿈하면서 진화해 나갈 것으로 생각된다. 물론 그 가운데 스피드와 스릴이 아닌 「달리는 것이 즐거운 자동차」도 형태를 바꾸어 등장할 것으로 기대된다. 언제까지나 자동차가 「꿈」의 대상이기를 바라마지 않는다.

◀ 자동차 레이스의 최고봉인 F1 포뮬러 카

▼ 현재의 자동차와는 콘셉트나 비즈니스 모델이 다르게 받아들여지고 있는 구글의 자율운전 시작차

참고 문헌

- 김명준 외 3명, 『자동차 구조와 기능』, (주)골든벨, 2015
- 김명준 외 4명, 『그린 오토 엔진』, (주)골든벨, 2013
- 신현초 외 3명, 『그린 오토 섀시』, (주)골든벨, 2013
- 김웅환 외 2명, 『그린 오토 전기』, (주)골든벨, 2013
- 강금원, 『신개념 자동차 생태학』, (주)골든벨, 2017
- Sige Kotaro, 『자동차 해부 매뉴얼』, (주)골든벨, 2016
- GB기획센터, 『자동차 진화의 비밀을 알고 싶다』, (주)골든벨, 2013.
- 김관권 외 3명, 『자동차를 알고 싶다』, (주)골든벨, 2010
- 삼영서방 편집부, 『모터 팬 특별판 가솔린 파워 유닛 엔진 주요부』, (주)골든벨, 2018
- 삼영서방 편집부, 『모터 팬 특별판 가솔린 엔진 부속장치』, (주)골든벨, 2018
- GB기획센터, 『고객과 함께 진단하는 자동차시스템』, (주)골든벨, 2014
- 삼영서방 편집부, 『모터팬 한국어판 친환경 자동차』, (주)골든벨, 2011
- 삼영서방 편집부, 『모터팬 한국어판 하이브리드의 진화』, (주)골든벨, 2012
- 삼영서방 편집부, 『모터팬 한국어판 EV 기초 & 하이브리드 재정의』, (주)골든벨, 2013
- 삼영서방 편집부, 『모터팬 한국어판 엔진 테크놀로지』, (주)골든벨, 2012
- 삼영서방 편집부, 『모터팬 한국어판 트랜스미션 오늘과 내일』, (주)골든벨, 2012
- 삼영서방 편집부, 『모터팬 한국어판 가솔린 디젤 엔진의 기술과 전략』, (주)골든벨, 2013
- 삼영서방 편집부, 『모터팬 한국어판 자동변속기 CVT』, (주)골든벨, 2014
- 삼영서방 편집부, 『모터팬 한국어판 디젤엔진 테크놀로지』, (주)골든벨, 2015
- 삼영서방 편집부, 『모터팬 한국어판 브레이크 안정성 테크놀로지』, (주)골든벨, 2015
- 삼영서방 편집부, 『모터팬 한국어판 조향 제동 쇽업소버』, (주)골든벨, 2013
- 삼영서방 편집부, 『모터팬 한국어판 타이어 테크놀로지』, (주)골든벨, 2016
- 삼영서방 편집부, 『모터팬 한국어판 밸브 트레인 & 압축비』, (주)골든벨, 2015
- 삼영서방 편집부, 『모터팬 한국어판 4WD, MT, DCT 완전이해』, (주)골든벨, 2018
- 삼영서방 편집부, 『모터팬 한국어판 자동차 대체에너지』, (주)골든벨, 2017
- 현대자동차, 『자동차 사용 설명서』, https://www.hyundai.com/kr/ko
- 기아자동차, 『자동차 사용 설명서』, http://www.kia.com/kr/main.html

찾아보기
Index

가솔린 연료 분사 장치 ·········· 42

계기판 ······················· 122

고강도 캐빈 ·················· 116

공명식(共鳴式) ················ 59

과급기 ······················· 52

내연기관 엔진 ················ 24

내비게이션 ··················· 128

냉각수 ······················· 44

너클 ························· 81

니켈수소 전지 ················ 166

더블 위시본 방식 ·············· 94

독립 현가식 ·················· 92

드라이브 샤프트 ··············· 81

드럼 브레이크 ················ 104

디스크 브레이크 ··············· 102

디젤 엔진 ················· 24, 169

디퍼렌셜 기어 ················ 15

라디에이터 ·················· 44

램프 ························· 125

런채널 ······················· 112

레귤레이터 ··············· 112, 113

레인 키핑 어시스트 ············· 137

리시프로케이팅 ················ 28

리튬이온전지 ············· 148, 166

매뉴얼 트랜스미션(MT) ········· 68

맥퍼슨 방식 ·················· 94

멀티링크 방식 ················ 95

모노코크 구조 ················ 110

미러 ····················· 135, 136

배기 매니폴드 ················ 59

배기 장치 ····················· 59

배력장치 ····················· 102

밸브 타이밍 ··················· 37

범퍼 ························· 112

벨트방식 CVT ················· 75

새시리스 도어 ················ 112

섀시 ························· 90

쇽업소버 ····················· 93

수소 에너지 ·················· 117

스타터 모터(셀프 모터) ·········· 54

스태빌라이저 ················· 92

스터드리스 타이어 ·············· 88

스티어링 바이 와이어 시스템 ······ 100

조향 장치 ····················· 98

슬라이드 도어 ················ 112

실린더 ······················· 29

에어백 ····················· 131

연료 전지 ···················· 164

찾아보기
Index

와이어링 하니스 ·· 125

워터 재킷(냉각수로) ································· 44

유성 기어(Planetary Gear) ················ 70, 72

유압기구 ·· 102

인스트루먼트 패널 ····································· 120

일체 차축 현가식 ··· 92

자동변속기(AT) ·· 70

자동차 내비게이션 ······································· 128

자율주행 자동차 ·· 178

전기자동차 ·· 148

전륜구동(Front WD) ······················· 81, 96

전장기기 ·· 125

점화 코일 ··· 57

점화플러그 ·· 58

직접 분사방식 ·· 43

진공밸브 ·· 105

차간 거리제어 크루즈 컨트롤 ················ 146

촉매 컨버터 ·· 59

충격흡수 보디 ·· 116

커넥팅 로드 ·· 28

코일 스프링 ·· 93

크랭크축 ·· 29

크리프 현상 ·· 71

클러치 ··· 64

타이로드 ·· 99

타이어 ·· 86

터보차저 ·· 53

텔레매틱스 ·· 181

토크 컨버터 ·· 71

토랙션 컨트롤 ··· 137

트레드 패턴 ·· 86

파워트레인 ·· 80

파킹 브레이크 ··· 107

팝업 후드 ·· 117

팽창식(膨脹式) ·· 59

펌프 임펠러 ·· 71

포트 분사방식 ·· 43

프레임 ·· 90

프로펠러 샤프트 ··· 15

피니언 기어 ·· 54

하이브리드 자동차 ·························· 154, 156, 160

헤드업 디스플레이(HUD) ························· 122

흡기다기관 ·· 28

힌지 도어 ·· 112

2륜구동(2WD) ··· 16

2 사이클 엔진 ·· 32

2차전지 ·· 148

2차코일(고전압코일) ···································· 57

찾아보기
Index

3밸브 ······················· 37

3피스 구조 ················· 83

4륜구동(4WD, 4Wheel Drive) ······· 21

4밸브 ······················· 37

4 사이클 엔진 ·············· 31

ABS(Anti-lock Brake System) ·············· 105

AC 발전기 ···················· 60

CVT(Continuously Variable Transmission) ······· 74

DCT(Dual Clutch Transmission) ·········· 77

EV(Elctronic Vehicle) ··········· 148

FCV(Fuel Cell Vehicle) ··········· 164

FF방식 ······················· 17

FR방식 ······················· 18

HEV(Hybrid Electronic Vehicle) ··········· 154

HV(Hybrid Vehicle) ··········· 154

IR&UV 커트 글라스 ············· 62

ITS(Intelligent Transport System : 고도의 도로교통

시스템) ···················· 181

LCA(Life Cycle Assessment) ··········· 173

MID방식 ···················· 19

PHEV(Plug in Hybrid Electronic Vehicle) ········· 162

PHV(Plug in Hybrid Vehicle) ········· 162

RR방식 ······················· 20

Well to Tank ················· 172

Well to Wheel ··············· 172

내車달인교과서
사동차구소편

초 판 발 행 | 2018년 9월 20일
제 1판 4쇄 | 2024년 1월 10일

감   수 | (사)한국자동차기술인협회
추   천 | 김필수
글 | 탈것 R&D 발전소
발 행 인 | 김길현
발 행 처 | (주) 골든벨
등   록 | 제 1987-000018호   ⓒ 2018 GoldenBell Corp.
I S B N | 979-11-5806-331-3
          979-11-5806-364-1(세트)
가   격 | 17,000원

이 책을 만든 사람들

편   집 | 이상호   표지디자인 | 조경미 · 박은경 · 권정숙
교   정 | 안명철 · 이상호   본문디자인 | 안명철 · 조경미
공급관리 | 오민석 · 정복순 · 김봉식   제작진행 | 최병석
웹매니지먼트 | 안재명 · 서수진 · 김경희   오프 마케팅 | 우병춘 · 이대권 · 이강연
회계관리 | 김경아

(우)04316 서울특별시 용산구 원효로 245(원효로 1가 53-1) 골든벨 빌딩 5~6F
 • TEL : 영업전략본부 02-713-4135 / 편집디자인본부 02-713-7452
 • FAX : 02-718-5510   • http : //www.gbbook.co.kr   • E-mail : 7134135@naver.com

신개념 자동차 생태학

 BEST

강금원 지음 / 208page / 올 컬러 / 정가 18,000원

자동차의 기본 성능과 메커니즘은 물론 연료전지,
전기 자동차와 같은 신성장 동력원, 고도화된 ITS 시스템
등을 소개한 새로운 시스템으로 개발되는 자동차들로 묶었다.

자동차 진화의 비밀을 알고 싶다

 BEST

GB기획센터 지음 / 316page / 올 컬러 / 정가 19,000원

엔진에 전기 모터를 조합하여 저연비, 저공해를 실현하는 하이브리드,
전기의 모터만으로 달리는 전기자동차, 차량의 자세를 자동으로
유지해주는 ESC, 바퀴의 잠김을 방지하는 ABS, 전자제어
파킹 시스템 등 편의장치를 기술하였다.

자동차 해부 매뉴얼

 BEST

Sige Kotaro 지음 / 128page / 올 컬러 / 정가 17,000원

자동차의 구성/자동차 제조방식/환경을 배려한 자동차/
자동차 미래와 생활이라는 총 4개편으로 편성하였다.
대학 등 오리엔테이션 교재로 각광받고 있다.

추천사

자동차 冊 골든벨이 만들면 다르더라구요!

우리나라에서 31년 동안 '탈것 출판의 전당'이라는 기치를 내걸고 올곧게 자동차 전문도서만을 고집해 온 (주)골든벨에게 감사를 드립니다. 여기에 야심차게 만든 "내 車 달인 교과서"시리즈는 2000만 운전자들과 자동차 마니아들에게 평이한 상식적 수준을 넘어 그 이상을 표현한 걸작이라고 말하고 싶습니다.

- · 여성 운전편 여성만을 위한 섬세한 운전 방법
- · 자동차 구조편 자동차 안팎을 투명하게 보여주면서 심플하게 설명
- · 자동차 정비편 드라이버의 눈높이에서 케어 개념으로 구성
- · 전기자동차편 하이브리드·전기차의 구조와 기술을 파헤친 기초 가이드북
- · 자동차 이해와 수리편 한 눈에 구조와 정비를 열거한 오리엔테이션
- · 친환경 그린카편 하이브리드·전기자동차 연료전지 자동차 구조와 기술

이제 자동차는 생활용품의 소비재입니다. 집은 없어도 내 차만은 필수인지 오래입니다. 이른바 '움직이는 생활공간'이니까요.

세계 자동차 유수 메이커들은 최고의 안락한 자동차를 만들기 위해 능동식 안전시스템 탑재를 비롯한 지능형 자동차인 '무인자율주행차' 상용화에 혈안이 되어 있습니다. 그러나 인간에게 생노병사가 있듯이 자동차도 예외일 수 없습니다. 기계적 시스템 60%, 전기전자 부품 40%까지 육박하다 보니 '안전 운전과 고장'은 절대지존입니다. 책의 구성면에서 면면히 훑어보니 스마트한 내용, 알맞은 冊 사이즈, 인문학을 가미한 예술적 표지, 가독성이 높은 올컬러 본문 디자인, 생생한 일러스트와 사진 등등 어디 하나 예사롭지 않습니다.

車를 좋아하는만큼 冊은 좋아하지 않겠지만 자동차 생활인들에게 필수 도서임을 전문가로서 부정하지 않습니다. 감사합니다.

2019. 01

자동차전문칼럼니스트/방송인/대림대학교 자동차과 교수/ **김 필 수**

내 車닮의
교과서
자동차구조편

GoldenBell